高等职业教育智能制造精品教材

U0642414

# 汽车起重机操作与保养

主　编　王蹐尹　马　娇

副主编　苏　欢　李　威

主　审　欧阳敏

中南大学出版社

www.csupress.com.cn

·长沙·

# 内容摘要

本书以汽车起重机操作与保养典型工作任务为指引，以项目任务驱动教学，介绍了汽车起重机安全知识，基本操作及基本保养知识。主要内容包括：汽车起重机施工安全规程、操作安全及安全装置知识，汽车起重机下车及上车操作方法与技巧，汽车起重机三级保养制、润滑、清洗与更换保养和紧固相关知识。

本书以项目能力训练为主线，内容符合汽车起重机售后服务工程师及操作手岗位技能要求，通俗易懂，注重实用。

本书可供高职院校工程机械专业使用，也可作为相关行业培训教材或自学用书。

# 高等职业教育智能制造精品教材编委会

# 前 言 PREFACE

随着我国国民经济持续稳定地发展，交通、能源、城建、矿山、水电等工程建设项目越来越多，汽车起重机作为项目施工不可缺少的重要设备之一，发挥着越来越重要的作用。汽车起重机操作与保养技能是工程机械售后服务人员不可缺少的专业技能，汽车起重机操作与保养课程也成了工程机械运用技术专业的专业必修课程。目前以项目任务驱动教学的汽车起重机操作与保养的教材或书籍很少，且针对性不强。本书以三一集团小吨位汽车起重机为载体，遵照教育部高职高专教材建设的要求，紧紧围绕培养高技能复合型应用人才的需要，从人才培养目标的实际出发，结合教学的实际，以项目和任务驱动式构建和规范教学过程，主要编写思路说明如下：

（1）本教材开发遵循体系配套原则，实际使用应结合实际教学设备开展实践教学。

（2）本教材适用对象为工程机械大类高职专业学生，主要目标是培养汽车起重机方向工程机械售后服务工程师汽车起重机操作与保养的能力。

（3）本教材编写的项目内容以能力递进方式为指引，分为安全知识、下车操作、上车操作、汽车起重机保养四大项目，以满足施工作业技能提升的要求。

（4）教材项目任务涉及的操作图案均为实体机型照片，做到书实统一。

（5）教材难易程度按工程机械售后服务中级服务工程师技术标准及国家工程机械维修工四级水平综合确定。

本书在编写过程中承蒙三一集团有关部门专家和领导的大力支持和帮助，参考了大量的三一重工重起事业部内部资料，在此表示衷心的感谢。

由于编者水平有限，不妥之处在所难免，恳请读者批评指正。

编 者

2020 年 9 月

# 目 录 CONTENTS

# 项目一
# 汽车起重机安全知识

为了保证正确操纵汽车起重机，进行必要的日常维护与保养，并能处理一些常见的故障，认识、熟悉汽车起重机的结构，掌握其组成的各机械、液压、电气元器件的组成和工作原理以及安全操作规程、注意事项等知识是十分有必要的。

## 【知识目标】

1. 掌握汽车起重机的安全规程；
2. 掌握汽车起重机操作安全技术标准；
3. 掌握汽车起重机安全装置的工作原理和使用；
4. 掌握汽车起重机安全操作注意事项。

## 【技能目标】

1. 认识并熟悉汽车起重机结构组成；
2. 熟悉汽车起重机安全规则；
3. 掌握汽车起重机操作注意事项。

# 任务一 安全规程

安全作业和维护的非常重要，如果没有按照安全操作规定正确使用汽车起重机可能导致人员伤害或死亡，并对汽车起重机和财产造成重大损失。故本任务重点介绍汽车起重机操作安全规章制度、注意事项等内容。

## 【知识目标】

1. 熟知汽车起重机安全操作的规章、注意事项；
2. 熟悉汽车起重机操作安全标准；
3. 掌握汽车起重机安全技术规范。

## 【技能目标】

认识各种安全提示标示，能正确处理一些紧急危险情况。

## 一、相关知识

### (一)安全规程

1. 安全提示标志

安全作业和维护非常重要，由于汽车起重机具有将重物提升到很高位置的能力，如果操作工、工作调度员和作业现场人员不按照安全操作规定使用可能导致人员伤害或死亡，并对汽车起重机和财产造成重大损失。安全标示如图1-1所示。

| ⚠ **注意** 表示注意! | ⚠ **警告** 表示直接的危险! |
|---|---|
| 请注意：关系到您的安全！为了避免可能的伤亡，应遵循此提示标志后的所有安全讯息。 | 请注意：如果忽略此讯息，将会导致严重的人身伤亡。 |
| ⚠ **警告** 表示潜在的危险! | ⚠ **小心** 表示潜在的危险! |
| 请注意：如果忽略此讯息，可能会导致严重的人身伤亡。 | 请注意：如果忽略此讯息，可能会导致轻微或中度伤害。 |
| **小心** 没有安全提示标志，表示如果忽略此提示，可能会有导致财产损坏的潜在危险。 | **注意** 请注意：提醒注意操作或维护。 |

图1-1 安全标示

为了避免危险的操作方式和维修程序,必须掌握必要的安全信息。每个安全信息都包括一个安全提示标志和一个提示词,用于表示危险的严重程度。

2.新车磨合规则

新车磨合是保证汽车长期行驶的一个重要阶段,经过磨合期将使各部位运动机件表面得到充分磨合,从而延长汽车起重机底盘的使用寿命,因此,必须认真做好新车的磨合工作,磨合前应保证汽车处于正常工作状态。

磨合注意事项:

(1)新汽车起重机尚未进行磨合运行。

(2)新车的磨合里程为 2000 km。

(3)在磨合期间的起重量不得超过额定载荷的 75%。

(4)冷发动机刚起动后,不要马上加速,只有在达到正常使用温度后才能提高发动机转速。

(5)磨合期应在平坦良好的路面上行驶。

(6)应及时换挡,平稳地接合离合器,避免突然加速和紧急制动。

(7)上坡前及时换入低挡,不要让发动机在很低转速下工作。

(8)检查和控制发动机的机油压力和冷却液的温度,经常注意变速器、后桥、轮毂及制动鼓的温度,如有严重发热应找出原因,立即调整或修理。

(9)在最初 50 km 行驶和每次更换车轮后,须以规定的力矩将车轮螺母拧紧。

(10)检查各部位螺栓螺母紧固情况,尤其是气缸盖螺栓,在汽车行驶 300 km 时,趁发动机在热状态下按规定的顺序拧紧气缸盖螺母。

(11)在磨合期的 2000 km 之内,各挡车速限制:

一挡: 5 km/h;二挡: 5 km/h;

三挡: 10 km/h;四挡: 15 km/h;

五挡: 25 km/h;六挡: 35 km/h;

七挡: 50 km/h;八挡: 60 km/h。

(12)磨合完毕后,应对汽车起重机底盘进行全面的强制保养,强制保养请到公司指定的维修站进行。

**(二)安全技术规范**

1.工作场地的要求

作业前应检查工作地面的坚固性和承载能力,若支承地面情况不详,必须探测各个支承位置点,检查其工作地面的抗压能力。若支承位置地面抗压强度不足,则应加垫钢板或枕木以扩大支承面积、减小对地面的作用应力,表 1 - 1 列出了各种土质的抗压强度,仅供使用者参考。

表 1 - 1　各种土质的抗压强度

| 土质类别 | | | 最大抗压强度/ MPa |
|---|---|---|---|
| 未经压实的瓦砾土 | | | 0 ~ 0.1 |
| 自然土 | 泥路、沼泽地、荒野 | | 0 |
| | 黏合土 | 粗砂和石子地 | 0.2 |
| | | 泥浆地 | 0 |
| | | 软性土地 | 0.04 |
| | | 坚实土地 | 0.1 |
| | | 半固体土地 | 0.2 |
| | | 坚硬土地 | 0.4 |
| | 在良好条件和状态下未受风化的细微裂岩石 | 压实地层 | 1.5 |
| | | 由块状粒状岩石构成的地层 | 3.0 |

**2. 整机支撑**

当汽车起重机展开支腿时，支腿与凹坑、斜坡、沟渠和挖掘地等必须保持一段安全距离。

（1）离斜坡的最小间距 $A$：（图 1 - 2）

支腿压力 ≤ 12 t 时，$A = 1$ m；支腿压力 > 12 t 时，$A = 2$ m。

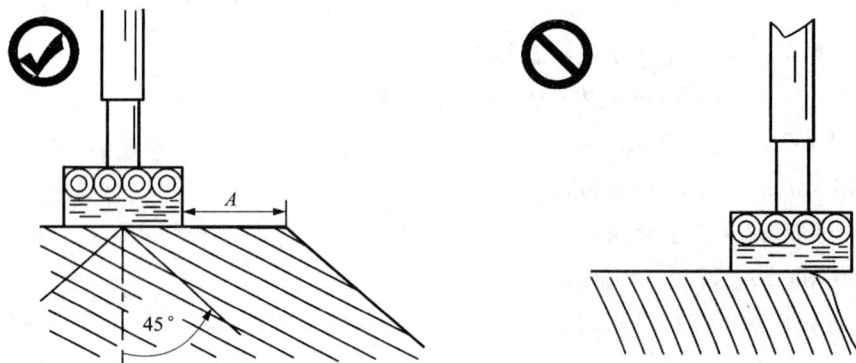

图 1 - 2　斜坡支撑

（2）离坑的安全间距 $B$：（图 1 - 3）

松的、回填地面时，$B \geq 2T$（$T$ 为坑深）；实心地面时，$B \geq T$（$T$ 为坑深）。

（3）无论地面状况如何，支承地面都必须是水平的，必要时必须做一个水平支承表面，同时不能支承在空穴上（图 1 - 4）。

（4）整机前后左右水平面的最大倾斜度不得超过 ±0.5%，且机器工作期间要时刻观察支承地面的稳定性（图 1 - 5）。

（5）当地面出现降低稳定性的因素时，必须立即收拢臂架，排除后重新按要求支承。降低稳定性的因素主要包括：雨、雪水或其他水源引起地面条件变化；支承腿一侧地面下沉；

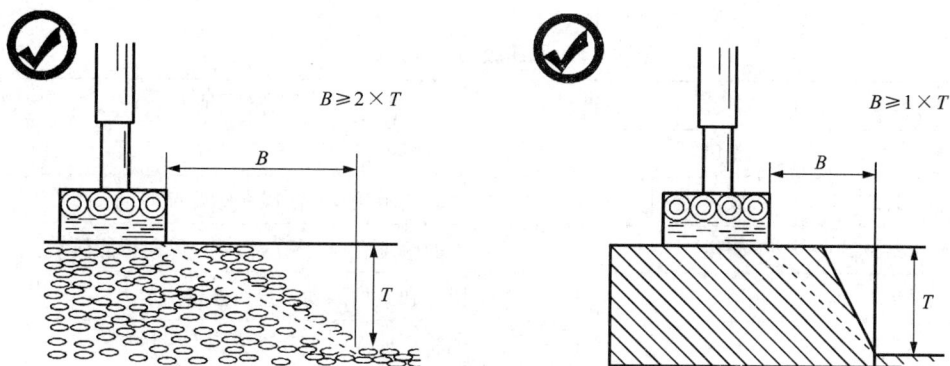

图 1-3 离坑间距

$B \geqslant 2 \times T$

$B \geqslant 1 \times T$

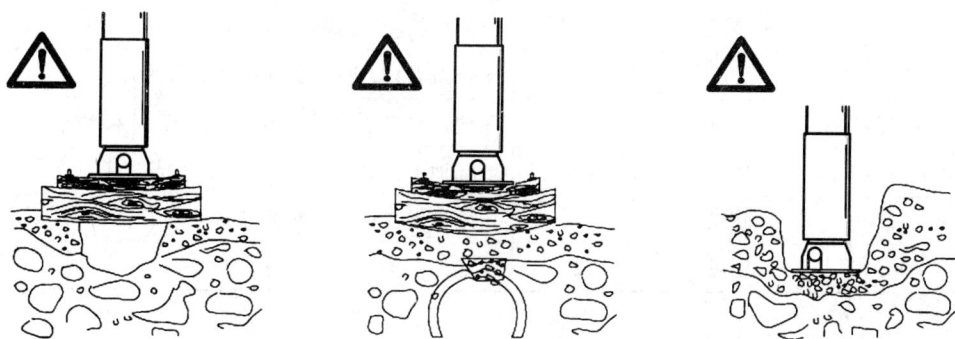

图 1-4 安全标示

图 1-5 倾斜支撑

支腿油缸出现泄漏。

打支腿前必须观察有无障碍物。打支腿时观察底架上的气泡水平仪,确认作业车调整到水平状态,回转支承平面的倾斜度不大于 ±0.5%。打好支腿后,应保证底盘前后轮胎离地,然后将支腿操纵阀的各操纵手柄扳回至中位位置。

风速超过 10 m/s 时,禁止起重作业。若遇大风或雷电,必须停止起重作业,并收存起重臂。

表 1 - 2　风速级别直观判断方法

| 风速/(m·s⁻¹) | 名称 | 级别 | 状态(在地面上) |
|---|---|---|---|
| 0 ~ 0.2 | 无风 | 0 | 烟直线上升 |
| 0.3 ~ 1.5 | 软风 | 1 | 烟能表示风向,但风向标不能转动 |
| 1.6 ~ 3.3 | 轻风 | 2 | 人面感觉有风,树叶微响,风向标能转动 |
| 3.4 ~ 5.4 | 微风 | 3 | 树叶和微枝摇动不息,旌旗招展 |
| 5.5 ~ 7.9 | 和风 | 4 | 能吹动地面灰尘和纸张,小树枝摇动 |
| 8 ~ 10.7 | 清劲风 | 5 | 有叶的小树摇摆,内陆水面有小波 |
| 10.8 ~ 13.8 | 强风 | 6 | 大树枝摇动,电线呼呼有声,张伞困难 |
| 13.9 ~ 17.1 | 疾风 | 7 | 全树摇动,迎风步行感觉不便 |
| 17.2 ~ 20.7 | 大风 | 8 | 折毁微枝,迎风步行感觉阻力甚大 |
| 20.8 ~ 24.4 | 烈风 | 9 | 建筑物有小损毁(烟囱顶盖和瓦片移动) |
| 24.5 ~ 28.4 | 狂风 | 10 | 陆地上少见,见时可使树木拔起,建筑物损坏 |
| 28.5 ~ 32.6 | 暴风 | 11 | 陆地上少见,有则必有广泛损坏 |
| 32.7 ~ 36.9 | 飓风 | 12 | 陆地上绝少见,摧毁力极大 |

## 二、任务小结与思考

### (一)小结

为了避免危险的操作方式和维修程序,必须掌握必要的安全信息。

新汽车起重机尚未进行磨合运行,在磨合期间的起重量不得超过额定载荷的75%。

作业前应检查工作地面的坚固性和承载能力,若支承地面情况不详,必须探测各个支承位置点,检查其工作地面的抗压能力。若支承位置地面抗压强度不足,则应加垫钢板或枕木以扩大支承面积、减小对地面的作用应力。

### (二)思考题

汽车起重机施工前怎样对工作场地进行布置?

# 任务二　起重操作安全

安全作业和维护非常重要，如果没有按照安全操作规定正确使用汽车起重机可能导致人员伤害或死亡，并对汽车起重机和财产造成重大损失。故本任务重点介绍汽车起重机操作安全规章制度、注意事项等内容。

## 【知识目标】

1. 熟知汽车起重机安全操作的规章、注意事项；
2. 熟悉汽车起重机操作安全标准。

## 【技能目标】

掌握汽车起重机正确操作注意事项，禁止事项等。能正确处理一些紧急危险情况。

## 一、相关知识

### （一）汽车起重机操作人员基本要求

1. 基本要求
（1）身体健康；
（2）视力（包括矫正视力）在 0.7 以上，无色盲；
（3）听力应满足具体工作条件要求；
（4）经考试合格的操作人员，需持证上岗；
（5）在合格操作人员直接监督下学习满半年以上的学徒工等受训人员；
（6）操作人员不得酗酒、吸毒或服用抑制反应药物。

2. 操作人员应熟悉下述知识
（1）上岗操作前，熟读该机的使用说明书，并了解所操纵的汽车起重机各机构的构造和技术性能；
（2）汽车起重机操作规程及有关法令；
（3）安全运行要求；
（4）安全、防护装置的性能；
（5）发动机和电气、液压等方面的基本知识；
（6）指挥信号。

3. 对汽车起重机正确使用的要求
汽车起重机操作人员的职责及注意事项：
（1）在操作汽车起重机的过程中必须全神贯注，不得从事任何分散其注意力的活动。
（2）操作人员必须控制、操作及调整汽车起重机，使得在汽车起重机周围的作业人员及其他设施都不会有危险。注意：汽车起重机意外事故的 65% 是由于操作不当引起的。
（3）操作人员应配备必要的个人保护装备；勿穿戴松大的衣服、围巾、敞开的外套或松开衬衫袖子，以免被抓进或拖进正在运动的汽车起重机零部件中，会有严重的伤害危险！

个人保护装备如图1-6所示。

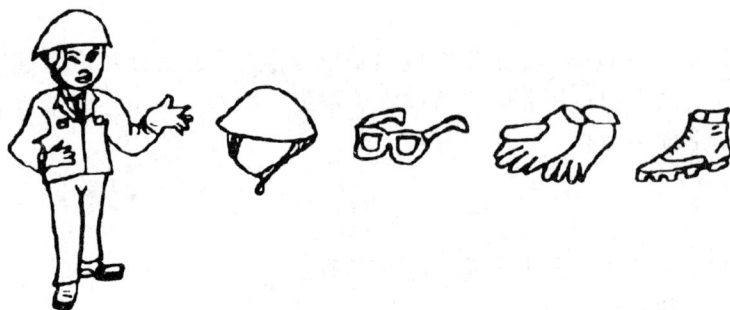

图1-6  安全护具

**(二)安全操作的基本要求**

1.汽车起重机操作基本要求

(1)严格遵守安全规范中的所有资料内容；

(2)注意潜在危险，尤其是有可能出现影响安全的故障时，必须立即排除！

(3)保持所有安全装置完备并处于良好工作状态；

(4)有合格的授权人员进行安全及时的必要维护和检查，保证做到汽车起重机的及时维护和修理；

(5)除制造商规定的检查外，还要根据国家法规对汽车起重机进行相应的检查；

(6)如有发生会影响安全的任何故障，应立即停止该汽车起重机的工作；

(7)对已造成严重人员伤害或对财产造成严重损失的汽车起重机的每一次事故，向制造商或者代理商提出报告；

(8)仔细而自觉地对汽车起重机做好使用规划。

2.汽车起重机操作注意事项

(1)避免吊起重物时快速制动；

(2)避免被吊物体未离开地面就进行横向拖拉(回转或行走)，有可能因机器的翻倒、破损等而导致人身事故；

(3)吊重物时，急停、回转太快、急回转、急停及高速回转时，有可能因负载的摇动，使机械倾翻、损坏、载荷落下等，而导致人身事故危险，如图1-7所示；

(4)避免在不平的地面上未将支腿调水平起吊重物；

(5)避免重物捆绑不当；

(6)避免斜拉重物或吊起的重物突然松散；

(7)避免卷扬钢丝绳乱绳；

(8)避免与桥梁、天花板、高压电线等碰撞，如图1-8所示；

(9)避免超载。

3.严禁进行下列错误地使用

(1)严禁在没有制造商同意下进行任何形式的汽车起重机结构改动而影响安全的操作；

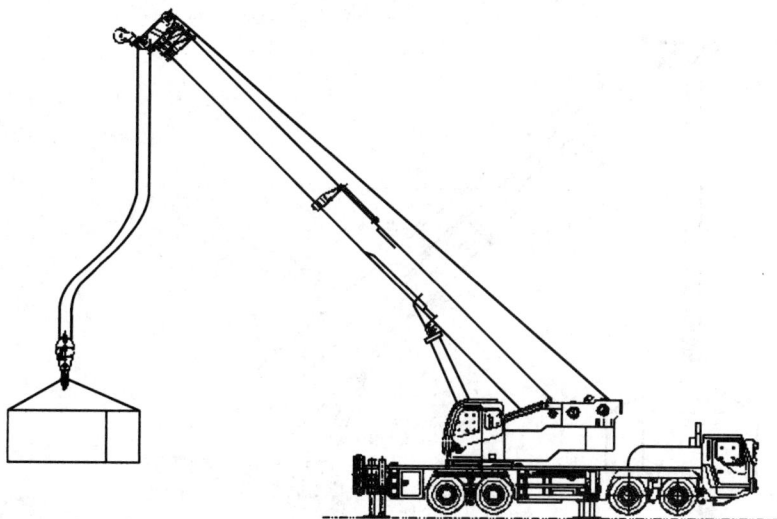

图1-7　防止掉落

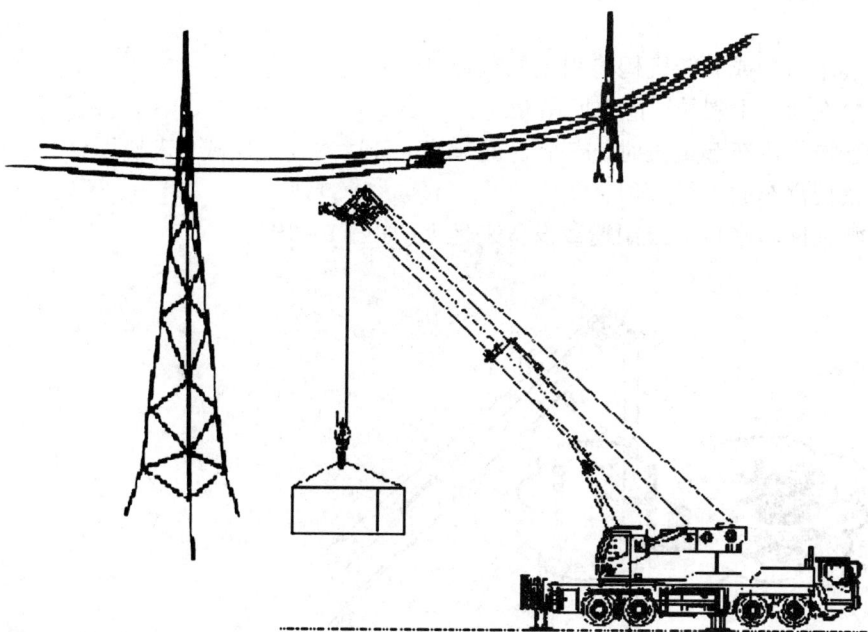

图1-8　防止撞物

（2）禁止站在悬挂载荷下或悬挂载荷从人的头顶上方通过，如图1-9所示。

如果在头上方有负载，万一载荷落下，就有可能导致人身事故的危险；不得在汽车起重机危险区域内；不得伸进运转的驱动装置或汽车起重机零部件内。

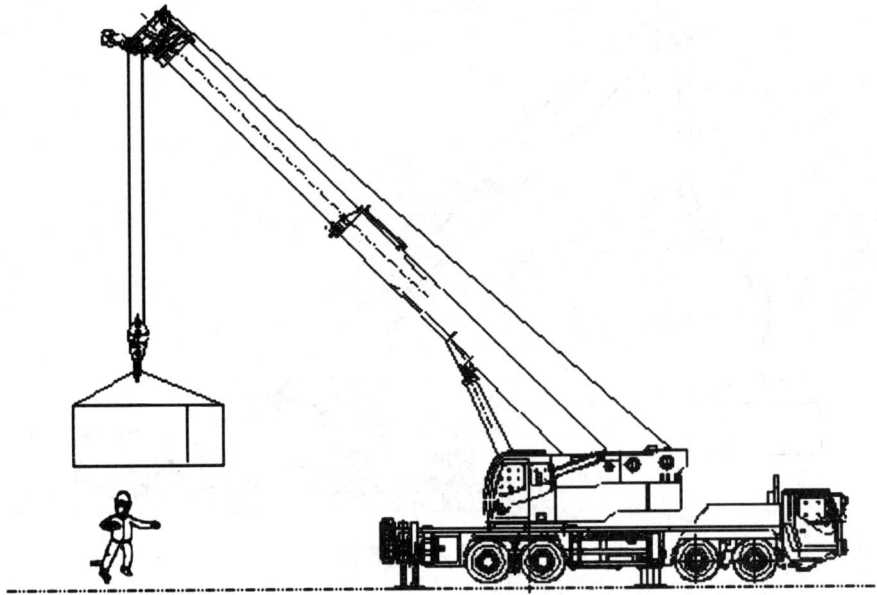

图 1-9　禁止上方操作

（3）严禁用吊钩或回转机构将固定的载荷扯松；

（4）严禁在地面上斜拉、拖拉所吊载荷；

（5）严禁操作汽车起重机时，安全装置未处于合适的设定模式，未使用合适的载荷表；

（6）严禁使汽车起重机倾斜；

（7）严禁在回转平台上或用运载设备来运人（如图 1-10）。

图 1-10　禁止吊人

如果人挂在吊钩上或放在载荷上，可能会造成严重的人身伤害。在这种情况下，被运的人无法控制汽车起重机的动作和不能避免碰撞及掉下的危险。

严禁在危险爆炸区域工作，也包括大气中很少或暂时处于爆炸危险的区域，如图1-11。

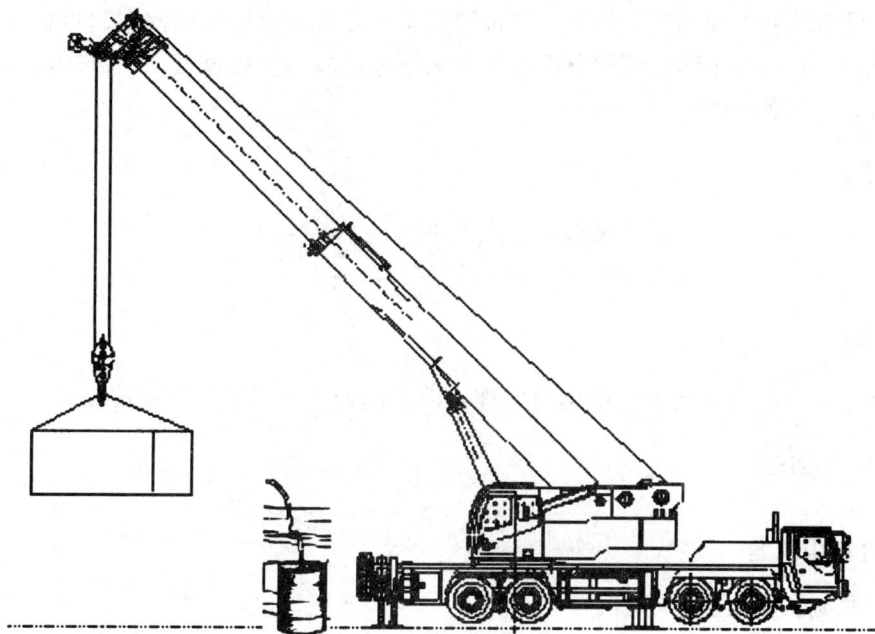

图1-11　禁止危险区

## 二、任务小结与思考

### （一）小结

汽车起重机操作注意事项，禁止事项，应避免的错误操作。

### （二）思考题

在起重作业过程中，应避免的错误操作有哪些？

# 任务三　安全装置

安全作业和维护非常重要，如果没有按照安全操作规定正确使用汽车起重机可能导致人员伤害或死亡，并对汽车起重机和财产造成重大损失。故本任务重点介绍汽车起重机操作安全规章制度、注意事项等内容。

## 【知识目标】

1. 熟知汽车起重机安全操作的规章、注意事项；
2. 熟悉汽车起重机操作安全标准。

## 【技能目标】

掌握汽车起重机安全装置的结构与原理。能正确处理一些紧急危险情况。

## 一、相关知识

### （一）力矩限制器

1. 力矩限制系统组成

力矩限制系统由两个油压传感器、长度传感器、角度传感器以及运动控制器等共同构成，其工作原理如下：

力矩限制功能计算机根据各传感器输入的起重臂长度和角度信号，计算汽车起重机的作业幅度。根据压力传感触输入的信号计算出变幅油缸的受力和起重力矩。将起重力矩与数据库中存入的最大力矩值比较，通过显示器显示相应的信息；

当发生过载时，力矩限制器将切断所有能增大起重力矩的动作（伸臂、向下变幅、起升等）；只有能减小起重力矩的动作被保留（缩臂、向上变幅、落钩等）。从而起到安全保护作用。

汽车起重机虽然配置了力矩限制器，如图 1-12 所示，但操作工仍有安全操作的责任。作业之前，操作工应大概了解被吊物的重量，及被吊物相对汽车起重

图 1-12　力矩限制器

机的距离，并对照起重特性图表，确定能否吊起该重物或选取合适的起吊工况。力矩限制器是汽车起重机的一个非常重要的安全装置，绝对不允许在力矩限制器关闭的情况下起吊重物。汽车起重机设置有过载解除开关（在控制面板的力限器上），若过载，应小心使用该开关。

### （二）三圈保护器

当汽车起重机全伸臂、小幅度吊钩落地时，卷扬钢丝绳有可能过放。钢丝绳在卷筒上剩余至少三圈时，保护器动作，同时过放信号使卷扬下降电磁阀卸荷，吊钩下降的运动被切断，落钩工况自动停止，过放报警灯点亮。此时起重钩上升可解除报警。三圈保护器如图1－13所示。

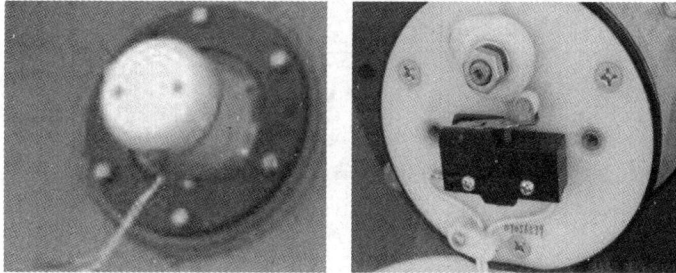

**图1－13　三圈保护器**

### （三）系统主令开关

系统主令开关为了防止误碰操纵手柄而出现误动作的安全装置。熟练操作者，可通过主令开关实现起重操作，如图1－14所示。

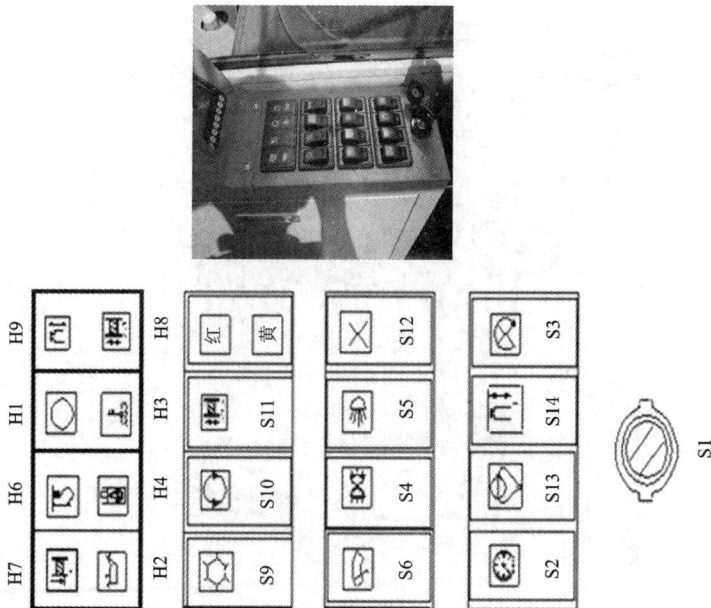

**图1－14　主令开关**

H1—主电源指示灯；H2—机油压力过低报警灯；H3—水温过高报警灯；H4—回油堵塞报警灯；H6—过卷指示灯；
H7—三圈保护指示灯；H8—副卷扬工作指示灯；H9—伸缩臂工作指示灯；S1—点火开关；S2—仪表灯开关；
S3—发动机停机开关；S4—示廓灯开关；S5—工作灯开关；S6—雨刮器开关；S9—油冷器开关；
S10—主令开关；S11—伸缩/副卷扬切换开关；S12—过卷解除开关；S13—检修开关；S14—油缸切换开关

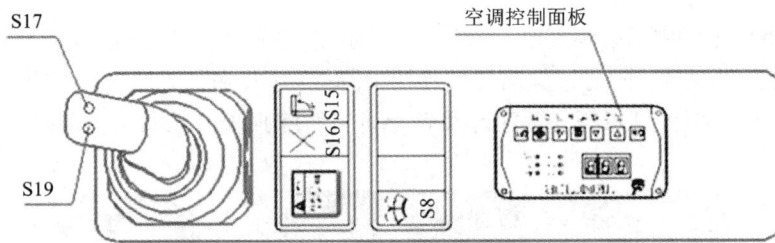

**图 1 – 15　操作面板**

S8—洗涤器开关；S15—卷扬高速开关；S16—超载解除开关；
S17—自由滑转开关；S19—喇叭开关

### (四)高度限位器

高度限位开关又称防过卷开关，安装在汽车起重机臂尖上，如图 1 – 16 所示。除了汽车起重机主臂上有 2 个高度限位开关外，副臂上也安装有高度限位开关。限位开关的种类较多，根据限位开关触点的触发方式可以分为可变滚轮手柄、活塞、标准滚轮手柄、弹性杆和可变棒杆 5 种，在三一汽车起重机中使用的高度限位开关为弹性杆的。品牌为：德国施迈赛。要合理选择和应用限位开关，就要求理解这些器件的物理和电气特性及其工作特性参数。

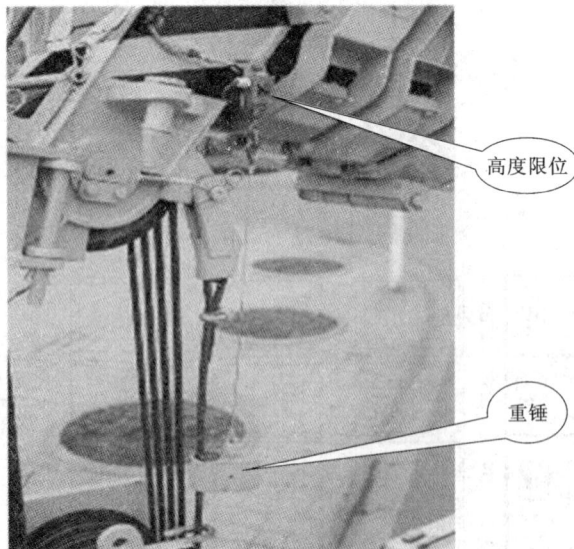

**图 1 – 16　高度限位器**

1.高度限位开关的物理特性

高度限位开关的物理特性包括图 1 – 17 中列出的三部分组件：插座箱体、开关箱体和传动器件。插座箱体提供与控制电路进行接口的电气触点。开关箱体上有机械开关和触点，同时它还可以作为固定头部的基座。

整套开关　＝　开关箱体　＋　插座箱体　＋　传动器件

图 1 - 17　高度限位器组成

2. 高度限位开关的结构原理

高度限位开关的内部结构如图 1 - 18 所示，当被控机械上的撞块撞击带有活塞杆的撞杆时，撞杆向上定出，使微动开关中的触点迅速动作。当运动机械返回时，在复位弹簧的作用下，各部分动作部件复位。

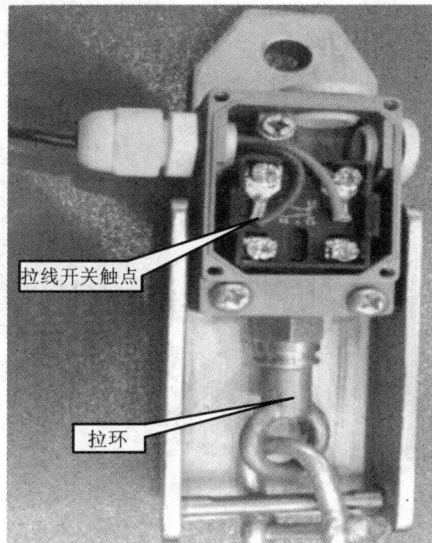

拉线开关触点

拉环

图 1 - 18　高度限位器结构

3. 高度限位开关的电气工作原理

高度限位开关的触点配置方式为单刀双掷型。如图 1 - 19 所示，其中 13，14 引脚为常闭触点，21 和 22 为常开触点，即当高度限位开关不动作，13、14 引脚闭合 21 和 22 断开，当高度限位开关动作，则 13、14 断开，21、22 闭合。图中给出了其弹性杆动作以及触发时限位开关的状态。

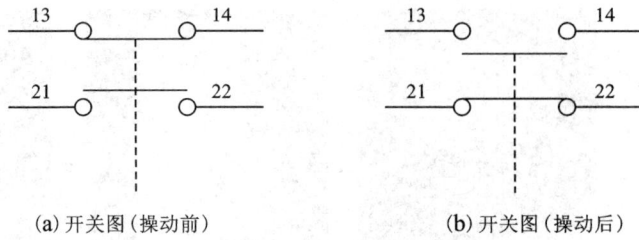

(a)开关图(操动前)　　　　　　　　(b)开关图(操动后)

**图1-19 高度限位器开关原理**

4．高度限位开关在汽车起重机上的应用

在三一汽车起重机上，高度限位开关为德国施迈赛，为了防止在起重作业时吊钩上升过高与吊臂头部滑轮相撞，系统设置了高度限位器。同时在起重钩上安装一专用重锤，汽车起重机正常工作时，此重锤自由悬挂在杆头，由其自身重力保持过卷开关电源畅通，从而钩子起升正常工作。在三一汽车起重机上主、副钩重锤如图1-20所示。当吊钩上升托起限位器重锤时，过卷开关动作，过卷报警指示灯亮，蜂鸣器鸣叫。但可使用强制开关(F8)进行保护解除；同时过卷信号的作用使卷扬上升电磁阀卸荷，吊钩上升的运动被切断。此时可以操纵吊钩下降，当吊钩下降到脱离限位器重锤时，蜂鸣器不响，过卷报警指示灯灭。

(a)主钩重锤

(b)副钩重锤

**图1-20　重锤**

**(五)设备使用安全**

1．安全用电

在电线附近须小心操作，注意与电线保持适当距离，否则在汽车起重机上及其附近作业的所有人员都会有致命的危险。当出现高压火花时，设备下方及其周围就会形成一个"高压漏斗区"。随着偏离中心，电压就会减弱。每进一步漏斗区，都存在极大危险！如果有人跨过不同的电压区(跨步电压)，其电位差产生的电流就会流过人体。

汽车起重机触电后处理措施：

(1)不要离开驾驶室；

(2)条件允许时把汽车起重机开出危险区；

(3)警告其他人员不要靠近或接触汽车起重机；

(4)通知供电专业人员切断电源。

2.蓄电池使用注意事项

(1)防止蓄电池爆炸；

(2)蓄电池气体会爆炸；

(3)避免火花、明火以及火焰接近蓄电池顶部；

(4)不可使用横跨接线端放置一金属物的方法来检查蓄电池的电量，应使用电压表或比重计；

(5)不要给冻结的蓄电池充电，否则会引起爆炸。应先暖热蓄电池至16℃；

(6)蓄电池的电解液是有毒的，如果蓄电池爆炸，蓄电池的电解液会溅入眼里，可能导致失明；

(7)在检查电解液比重时，务必戴好护目镜。

3.正确焊接

焊接程序必须正确，以防损害电子控制装置及轴承；在装有电子控制装置的机器或发动机上焊接时，应遵循下列步骤：

(1)关闭发动机，将发动机开关转到OFF(关)的位置。

(2)将蓄电池的负极电缆拆下。

(3)注意：切勿将电气零部件(电子控制模块或电子控制模块传感器)或电子零部件的接地点用作电焊机的接地点。

(4)用焊接机的地线夹夹住要焊接的组件，夹子离焊接点尽量近些，以确保地线流到部件的电流不通过任何轴承。使用此程序可以降低损坏下列部件的可能性：传动系轴承、液压部件、电气部件、其他机器部件。

(5)防止电线线束接触到焊接时产生的碎屑及飞溅物。

(6)使用标准的焊接程序将物料焊接在一起。

## 二、任务小结与思考

### (一)小结

汽车起重机安全规程，使用规划，注意事项，禁止事项，应避免的错误操作，安全装置，安全用电。

### (二)思考题

三圈保护器的作用和原理是什么？

# 项目二
# 汽车起重机下车操作

汽车起重机下车操作主要包括驾驶室操作和支腿操作两项内容。驾驶室操作除了能实现车辆的行驶外，还可以在汽车起重机上车需要动作时实现动力的切换，即取力。而支腿是进行上车操作必不可少的前提，如果支腿不能伸展到位，那么进行汽车起重机操作将十分危险。

## 【知识目标】

1. 掌握车辆启动前的检查项目与检查内容；
2. 掌握下车操作面板各符号含义及按钮的作用；
3. 掌握取力原理及取力操作方法；
4. 掌握车辆挂挡操作方法；
5. 掌握支腿伸缩控制原理与操作方法。

## 【技能目标】

1. 能够进行汽车起重机的启动；
2. 能够按照要求进行取力以及取消取力操作；
3. 能够进行支腿操作。

# 任务一 驾驶室操作

## 【知识目标】

熟悉驾驶室各仪器仪表、按钮开关，掌握发动机的启动方法、取力操作以及取消取力操作方法，并掌握挂挡方法。

## 【技能目标】

能够对汽车起重机进行取力操作。

## 一、相关知识

### （一）驾驶室仪器仪表

驾驶室为全宽整体式驾驶室，与车架四点橡胶软垫弹性连接。驾驶员座椅采用前后、靠背角度可调式液压减震高靠背座椅，前挡风玻璃为大面积夹层安全玻璃，驾驶室内装配全覆盖软化内饰，安装遮阳板、收放机设备，两侧安装后视镜；全部电气控制及仪表均在仪表板上；车门可开启85°角，车门玻璃采用电动式结构，门框周边采用密封性良好的橡胶密封条，具有良好的密封性。

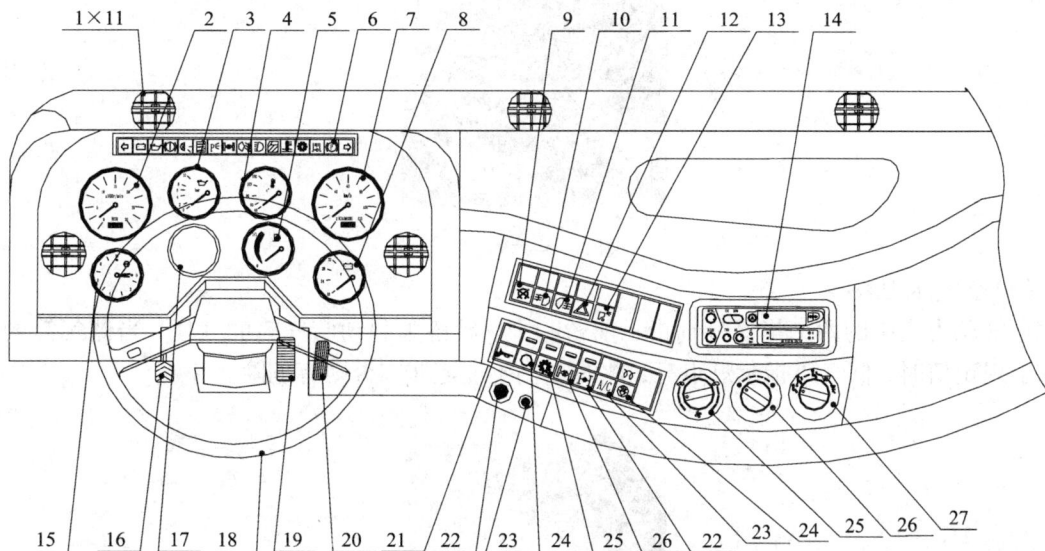

**图 2-1 仪表面板布置图**

1—风口；2—发动机转速表；3—机油压力表；4—水温表；5—燃油表；6—仪表指示灯；7—车速里程表；8—电压表；9—熄火开关点烟器；10—前雾灯开关；11—后雾灯开关；12—危急报警灯开关；13—环视灯开关；14—收放机；15—双针气压表；16—离合器踏；17—堵盖；18—方向盘；19—刹车踏板；20—油门踏板；21—电器喇叭转换开关；22—怠速调整按钮；23—点烟器；24—电源总开关；25—取力器开关；26—轴间差速锁开关；27—轮间差速锁开关

19

1. 仪表

(1)发动机转速表

转速表上指示值为发动机转速(r/min)，即是指每分钟发动机转数，其信号取自飞轮壳转速传感器，下部跳号数值为发动机累计运转小时数。发动机转速在 1000～1600 r/min 区域内运转时将节省燃油和延长发动机寿命。

图 2-2　发动机转速表

(2)水温表

水温表是用来指示发动机冷却液温度的，当钥匙开关位于 ON 位置时，该表就起作用。指针在绿色区域时为正常水温，黄色区域为预警水温，红色区域为危险温度，此时应尽快停车加水或降温。

图 2-3　水温表

(3)空气压力表

空气压力表中的两个指针分别指示前桥和中、后桥主制动储气筒的气压，当储气筒的气压低于规定值时，低气压指示灯点亮，此时车辆不能起步，否则有危险。

图 2-4　空气压力表

（4）燃油表

燃油表是用来指示燃油箱存油量的多少，当钥匙开关处于 ON 的位置时，该表就工作，0 附近区域表示油量将用尽，提醒驾驶员应尽早补充清洁燃油。

图 2－5　燃油表

（5）机油压力表

机油压力表指示发动机润滑系统的油压，当发动机冷却时，机油压力表显示的油压比正常温度下的油压要高，一旦发动机加热到正常温度，机油压力表显示正常油压范围数值。

图 2－6　机油压力表

（6）电压表

电压表是用来指示电瓶电压的大小。当钥匙开关处于 ON 的位置时，该表就工作。发电机工作时，指示电压应该在 26.5～28.5 V 之间。

图 2－7　电压表

（7）车速里程表

车速表上指针指示值为车辆行驶速度（km/h），下部跳号数值为车辆累计行驶里程。

图 2-8　车速里程表

2. 钥匙开关

钥匙开关有 KEY、OFF、ACC、ON、S 五个档位。

KEY：车辆钥匙处于此位置时，按下锁钮可拔出钥匙，此时方向盘锁住，不按锁钮，钥匙不能拔出。

ACC：当发动机不运转时，要使用收放机、点烟器、刮水器等附件时，只需把钥匙拧到 ACC 位置即可。

ON：当钥匙拧到 ON 位置时，发动机起动后就会正常运转。

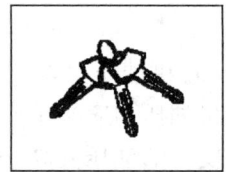

图 2-9　钥匙开关

S：即是 START 的缩写，把钥匙拧到 S 位置后可启动发动机，手松开后就会自动弹回 ON 位置。在发动机起动后，切勿把钥匙拧到 S 位置。

OFF：钥匙开关处于此挡时，发动机停止工作。

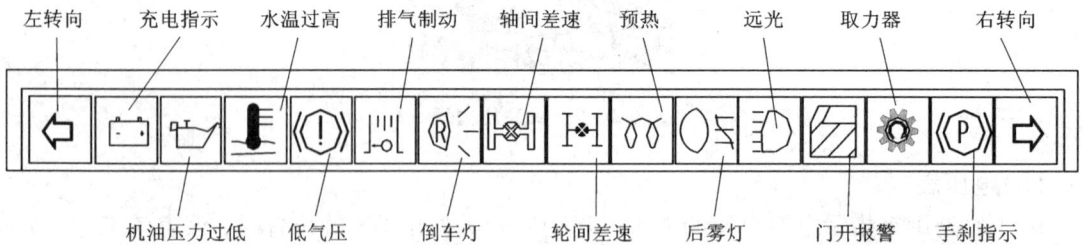

图 2-10　指示灯

3. 预警指示灯

（1）转向信号指示灯

当接通转向信号灯开关或危险警告灯开关时，转向信号指示灯就闪烁，表示外部转向信号灯或危险警告信号灯在工作。

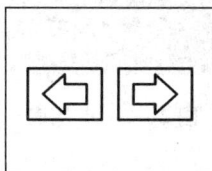

图 2-11　转向信号指示灯

（2）远光指示灯

当前大灯转换为远光时，远光指示灯就点亮。

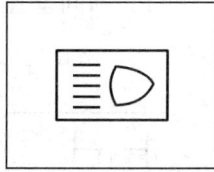

**图2-12　远光指示灯**

（3）排气制动指示灯

打开排气制动器开关，排气制动指示灯就点亮，表示排气制动装置起作用。

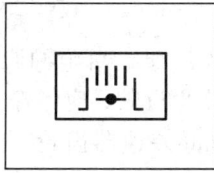

**图2-13　排气制动指示灯**

（4）机油压力指示灯

该指示灯在发动机起动前点亮，发动机启动后，该指示灯应熄灭，表示发动机机油压力正常。如果在行驶中指示灯点亮，则应立即停车并检修，不得在该指示灯点亮的情况下使用发动机。

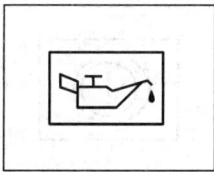

**图2-14　机油压力指示灯**

（5）轮间差速锁指示灯

当车轮打滑或陷入泥坑时，用轮间差速锁可以提高汽车的通过能力。在车辆停止状态下，将离合器分离后，才能接合轮间差速锁。轮间差速锁开关接合后，该指示灯点亮，表示轮间差速锁已工作。

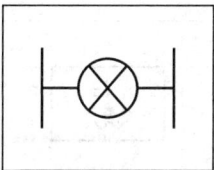

**图2-15　轮间差速锁指示灯**

> 注意：当轮间差速锁指示灯亮时，车辆不能转弯和高速行驶。原则上应先结合轴间差速锁，再接合轮间差速锁，汽车通过坏路面后应立即解除差速锁。

（6）轴间差速锁指示灯

当车轮打滑或陷入泥坑时，用轴间差速锁可以提高汽车的通过能力。在车辆停止状态下，将离合器分离后，才能接合轴间差速锁。轴间差速锁开关接合后，该指示灯点亮，表示轴间差速锁已工作。

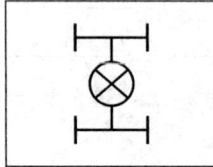

图2-16　轴间差速锁指示灯

使用轴间差速锁时，车辆只能直线行驶。当车辆通过泥泞路面后，去掉轴间差速锁，如果指示灯继续亮，那么此时车辆不能转弯行驶，应停车查明原因，直到真正解除轴间差速锁后，车辆才能转弯行驶，否则会打坏轴间差速器齿轮。

（7）行车空气压力指示灯

该指示灯点亮，同时低气压蜂鸣器鸣叫，提醒驾驶员此时不能行驶，表示制动系统压力低于额定起步压力，车辆不应起步行驶。如该指示灯一直亮起或低气压蜂鸣器一直鸣叫，应注意检查制动系统有无漏气。下长坡频繁使用行车制动时，储气筒压力下降快此指示灯也会亮，因此下长坡时建议打开排气辅助制动。

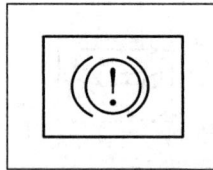

图2-17　行车空气压力指示灯

（8）冷却液指示灯

当冷却液低于规定值或温度超过95℃时，该指示灯就点亮，与此同时，蜂鸣器鸣叫，提醒驾驶员此时发动机处于危险状态。

图2-18　冷却液指示灯

注意：冷却液不足时，应马上加足，否则继续行驶会引起发动机过热而损坏。

（9）驻车制动指示灯

当开关钥匙处在"ON"位置时，拉起停车制动器，该指示灯就点亮。

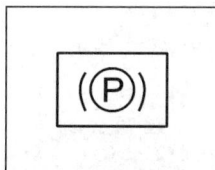

图 2 – 19　驻车制动指示灯

（10）后雾灯指示灯

汽车后雾灯打开时，该指示灯就点亮。

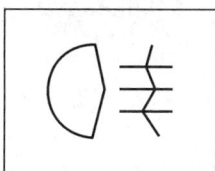

图 2 – 20　后雾灯指示灯

（11）预热起动指示灯

该指示灯点亮，表示预热系统在给发动机进气火焰预热，当指示灯熄灭后，发动机方可启动（本车低温火焰预热系统为自动预热，选装配件）。

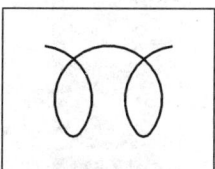

图 2 – 21　预热起动指示灯

4.翘板开关

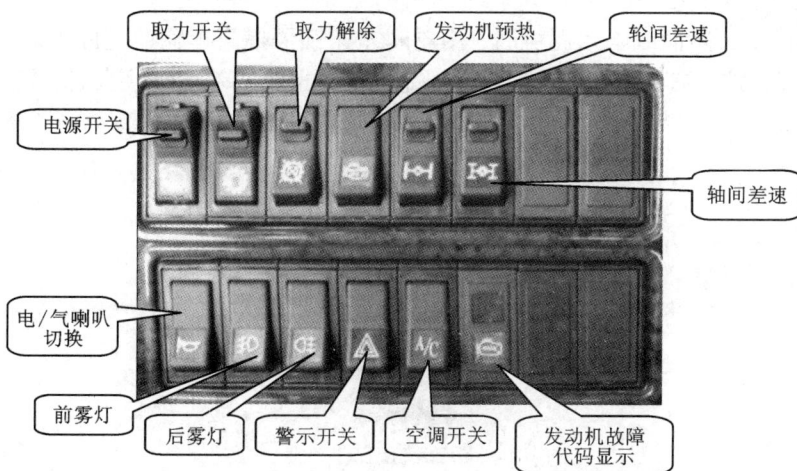

图 2 – 22　翘板开关

（1）电源总开关

该开关打开，翘板开关指示灯点亮，整车电路接通。在维修和检查整车电路系统时，应使电闸断开，保护其他电器设备。

注意：严禁在发动机运转时，关闭电源总开关。

图 2 - 23　电源总开关

（2）轴间差速锁开关

当车辆通过不良路面或陷入泥坑时，用轴间差速锁可提高车辆通过能力。需在车辆停止状态下，分离离合器，按下该开关，接合轴间差速锁，当轴间差速锁接合时，其对应的轴间差速锁指示灯点亮，同时差速锁蜂鸣器鸣叫，提醒驾驶员此时轴间差速锁处于工作状态。

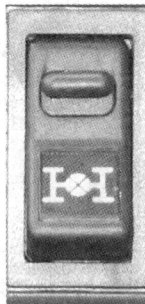

图 2 - 24　轴间差速锁开关

（3）轮间差速锁开关

当车辆通过不良路面或陷入泥坑时，用轮间差速锁可提高车辆通过能力。需在车辆停止状态下，分离离合器，按下该开关，接合轮间差速锁，当轮间差速锁接合时，其对应的轮间差速锁指示灯点亮，同时差速锁蜂鸣器鸣叫，提醒驾驶员此时轮间差速锁处于工作状态。

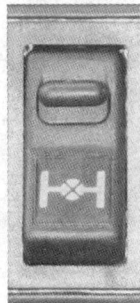

图 2 - 25　轮间差速锁开关

（4）前雾灯开关

按下该开关，前雾灯、前后小灯、仪表照明灯、开关照明灯就点亮，在浓雾天气行车时，使用该开关可以控制上述灯点亮或熄灭。

图 2 - 26　前雾灯开关

（5）后雾灯开关

在前雾灯开启状态下，按下该开关，后雾灯就点亮，同时仪表上后雾灯指示灯点亮，在浓雾天气行车时，使用该开关可避免追尾。

图 2 - 27　后雾灯开关

（6）警报灯开关

在车辆发生故障或大雾、道路危险等情况下，将此开关按下，危险警报灯点亮，前、后、左、右转向信号灯闪烁，以提醒行人及其他车辆注意。

图 2 - 28　警报灯开关

（7）取力器开关

先推开锁扣，向下按下此开关，取力器接通，仪表上的取力指示灯点亮；向前按下此开关，取力器脱开，取力指示灯熄灭。

图 2 – 29　取力器开关

（8）气电喇叭转换开关

默认状态为电喇叭线路接通，电喇叭声音较小，适合在城市使用；按下该开关，气喇叭接通，该喇叭声音较大，适合于野外使用。

图 2 – 30　气电喇叭转换开关

5.组合开关

组合开关是小灯、前大灯、左右转向灯、超车灯和变光灯以及雨刮器、洗涤开关、排气制动开关等的组合。

（1）转向灯信号开关

将操纵杆向前推，左转向灯点亮：将操纵杆向后推，右转向灯点亮。

图 2 – 31　转向灯信号开关

（2）变光灯开关

夜间会车时，一定要使用变光开关，打开前大灯后，将操纵杆上下来回运动，实现近光和远光的转变。

图 2 – 32　变光灯开关

（3）超车灯开关

将操纵杆一抬一放，灯光就一亮一熄，提醒前方车辆。在车辆正常行驶的情况下，不管其他灯光的使用状况如何，打开超车灯开关，超车灯就点亮。

图 2 – 33　超车灯开关

（4）排气制动开关

将操纵杆向后拨到打开位置，排气制动指示灯点亮，排气制动就起作用。踏下加速踏板或离合器踏板，排气制动自行解除。

将开关操纵杆向前拨到关闭位置后，排气制动就停止工作，排气制动指示灯熄灭。

图 2 – 34　排气制动开关

（5）挡风玻璃喷水器操作

按下雨刮器操作杆一端的开关，喷水器开始工作，喷嘴喷出水珠，同时打开雨刮器开关，雨刮器开始擦拭挡风玻璃。

HI：高速挡；LO：低速挡；OFF：关闭；INT：间歇挡。

图 2 – 35　挡风玻璃喷水器操作

注意：晴天单独使用雨刮器会划伤玻璃，应与洗涤液配合使用；如果在没有洗涤液情况下，连续运转时间不能超过 5 s，否则会将洗涤器电机烧毁，请不要在没有冲洗液时使用雨刮器。

（6）点烟器

需要点烟时，将点烟器直接按入，松手后等待 10 s，点烟器前部的电阻丝烧红后自动弹出，回到原位置，此时可以拔出点烟器，用完后放回原处。

图 2－36　点烟器

（7）手油门开关

该调节开关可调节发动机转速高低，当司机离开驾驶室时，发动机仍能以稳定的转速运转。

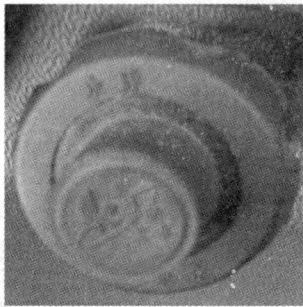

图 2－37　手油门开关

6.暖风和通风系统操作

温度调节装置设置于仪表盘右侧，左边旋钮为内、外循环选择及风速选择开关；中间旋钮为冷、暖气选择开关；右边旋钮为风向及功能选择开关，可快速除霜、除雾及调节吹风方向。

图 2－38　暖风和通风系统操作

（1）取暖

打开发动机暖风水阀开关，选择内循环、合适的风速，选择暖风位置，转动图中的右面旋钮把暖风引向面部或脚部。

（2）自然通风

开关选择外循环、合适的风速，可将新鲜空气引向挡风玻璃及脚部。

（3）强制通风

为了驾驶室通风，也可以按下门扶手旁的按钮，放下车门玻璃，驾驶员可用电动按钮控制左右车门的玻璃自动升降，玻璃放下后应及时松开按钮，以免损坏电机。

（4）打开 A/C 开关空调即开始工作

空调操作、使用、维修、保养见随车附带的空调使用说明书。

**（二）驾驶室操作**

1. 操作前检查

（1）检查汽车起重机上车、下车各处管道是否有漏油，电气线路是否有松脱或破损，机械连接件螺栓是否松动。

图 2 - 39　检测部分

（2）检查手刹是否处于制动位置。

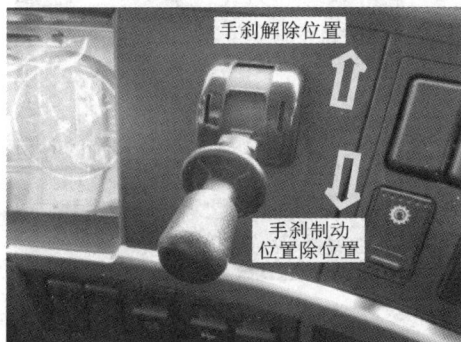

图 2 - 40　制动检测

31

（3）踩下离合器，看活动是否正常，踩 3 次以上

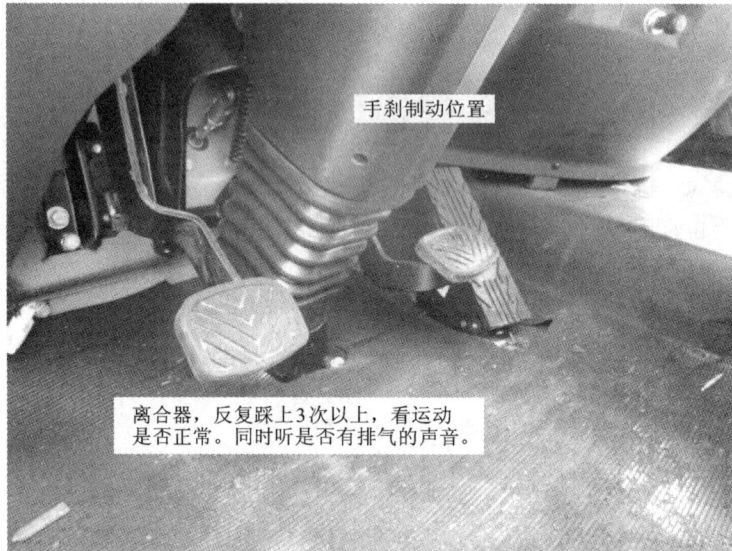

图 2-41 离合器检测

（4）踩着离合器，检查挡位是否在空挡位置。

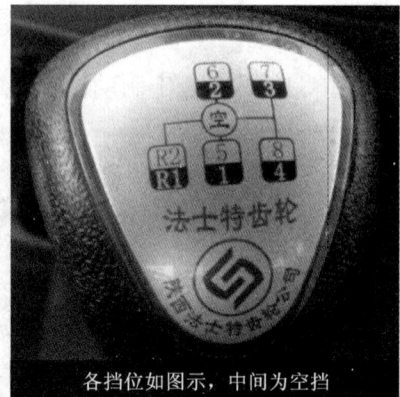

图 2-42 挂档检查

（5）检查各开关是否在关闭位置。

各开关是否在关闭位置。

图 2 – 43　开关检查

## 2. 启动发动机

（1）插入启动钥匙，按下电源开关，此时电源指示灯亮。

钥匙开关

图 2 – 44　钥匙启动

（2）检查各仪表，观察是否正常。

图 2 − 45　仪表检查

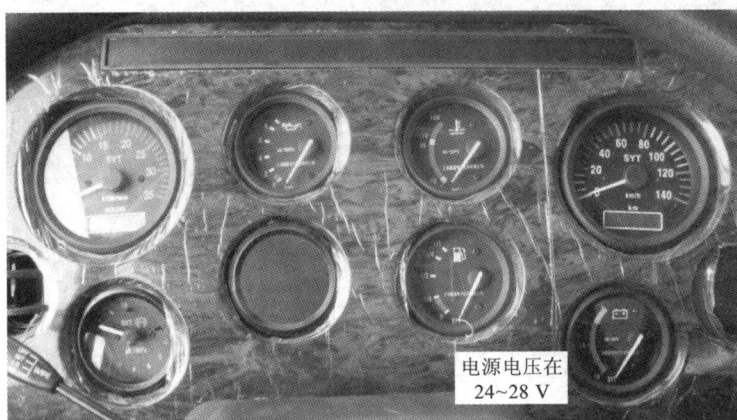

图 2 − 46　仪表检查

3）拧动钥匙，启动发动机怠速运转预热，并注意检查机油压力。

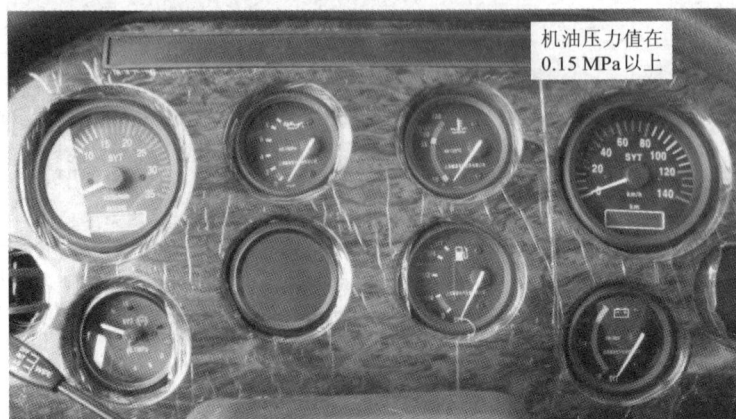

图 2 − 47　机油压力检查

注意：

（1）启动柴油机时，单次点火时间不超过 10 s，两次点火时间间隔在 1 min 以上，以保护柴油机启动马达。

（2）启动柴油机后怠速进行预热 5~10 min，冬季作业时，空载运行 15~20 min。

3. 取力操作

（1）将离合器踩到底。

图 2 – 48　取力仪表

（3）将变速器挂到要求的档位。通常是 20 t 不挂挡，25 t 挂三挡，50 t 挂四挡，具体挡位要求根据机器各自的要求来。

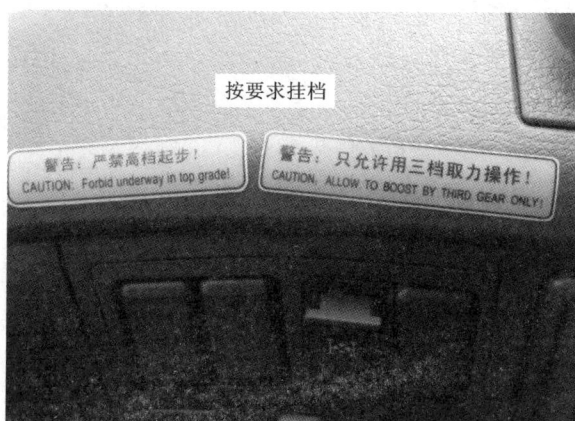

图 2 – 49　挂挡要求

20 t、25 t、50 t 汽车起重机所选变速箱所配带的取力器型号分别为 QC65B、QH70、QH70C。使用 QC65B 型取力器时无须挂挡取力；使用 QH70 型取力器时踩下离合器踏板挂三挡取力；使用 QH70C 型取力器踩下离合器踏板挂四挡取力。

（4）关闭取力开关，缓慢松开离合器。此时感受到车身会抖一下，车辆声音也会有点变化，因为负载已加上去了。

注意：取力装置接通以后，可以在上车操纵室内用起动锁启动发动机，用熄火开关熄火。

4.取消取力操作

（1）用力踩下离合器；

（2）按下取消取力开关；

（3）缓慢松开离合器，取消取力操作完成。

图 2 - 50  取消取力

5.发动机熄火

当不需要汽车起重机工作或紧急状况时需要熄火发动机，此时按下熄火开关，保持几秒钟待发动机停下松开熄火开关，发动机熄火。

**（三）驾驶室操作注意事项**

（1）换挡时要逐挡增加或减少；

（2）气压信号灯、驻车制动信号灯应熄灭；

（3）发动机机油压力应≥0.2 MPa 的范围；

（4）发动机水温应在 70～90℃ 之间；

（5）发动机及传动系响声正常；

（6）制动器动作灵敏；

（7）严禁采用发动机熄火及挂空挡的方法遛车；

（8）不使用离合器时，严禁把脚放在离合器踏板上。

## 二、任务小结

驾驶室操作的内容学习，主要要求全面掌握驾驶室内各开关按钮的作用，各仪器仪表代表的意义。在此基础上掌握发动机的启动、挂挡以及汽车起重机所特有的取力及取消取力操作。只有完成了取力操作，汽车起重机液压系统才能够进行工作，从而保证汽车起重机上车部分进行工作。

# 任务二　支腿操作

## 【知识目标】

掌握支腿操作的顺序、方法，熟悉支腿操作的注意事项。

## 【技能目标】

能够对汽车起重机进行支腿操作。

## 一、相关知识

### （一）支腿系统

QY25 汽车起重机的支腿系统由五根支腿及其相应的液压、电器系统组成。侧面的四根支腿由水平伸缩机构和垂直伸缩机构两部分组成，均由油缸作用作伸缩运动。支腿在不工作时，水平油缸和垂直油缸都缩回，支腿的水平部分缩回车架里，垂直部分则缩回到最高处，避免在移动行驶时与地面碰撞。支腿在工作时，首先是支腿的水平部分分别通过各自的水平油缸作用而伸出，然后是支腿的垂直部分分别通过各自的垂直油缸作用而下降。为了扩大作业范围，提高在汽车起重机前方作业时的稳定性，在车架前部驾驶室下方安装了第五支腿。该支腿只有垂直伸缩部分，工作时，油缸伸出推动支腿向下运动撑起车体前部。

支腿的结构如图 2-51 所示，其水平部分的截面形状为矩形，油缸一端与车架连接，另一端与支腿连接；油缸安装在支腿里面。

为了减小支腿的水平部分伸出时的摩擦力过大，支腿水平部分的上表面与车架之间为间隙配合，下表面通过滑块与车架接触，减小了摩擦力，使伸缩动作更迅速。因而，支腿工作时，水平伸缩时有轻微的左右摆动，垂直伸缩时水平支腿也有轻微的上下旋动，并与水平面成一定角度。

图 2-51　支腿展开图

**（二）支腿操作方法**

1. 下车操作注意事项

（1）启动发动机前需检查底盘下方有没有人员，以及设备是否在检修范围内；

（2）严禁在设备操作过程中对设备进行检查或检修；

（3）开机前，必须鸣喇叭警示；

（4）对紧急停车请求，不论何人发出，都应立即执行；

（5）打支腿时观察底架上的气泡水平仪，确认作业车调整到水平状态，回转支承平面的倾斜度应为 $-0.5\% \sim 0.5\%$；

（6）打好支腿后，应保证底盘前后轮胎离地，然后将支腿操纵阀的各操纵手柄扳回至中位位置。

2. 准备工作

（1）查看周边环境（高压线、高空建筑、地面压实情况），确认汽车起重机支腿有足够的展开空间，安全距离小于实际幅度。

（2）根据实际工地状况摆放车辆，将正后方摆至工况吊重方（确保支腿伸出长度距离大于 6M），地面硬度符合要求（见项目一中的安全规程）。否则，需准备垫木增加支腿盘面积。

（3）启动发动机，根据汽车起重机上取力器的型号或驾驶室内的标识按照驾驶室操作任务里面的方法进行取力操作（20 t 不需挂挡，50 t 挂三挡后再挂取力器）。

（4）检查周围环境并伸支腿（四水平支腿必须全部伸出方可打垂直支腿）。

图 2-52 油门操作

左前支腿　　右前支腿　　左后支腿　　右后支腿　　第五支腿　　总控手柄

图 2 - 53　支腿操作手柄

### 3.水平支腿操作

（1）手柄从左至右依次是：第 1 支腿，第 2 支腿，第 3 支腿，第 4 支腿，第 5 支腿，总控手柄。

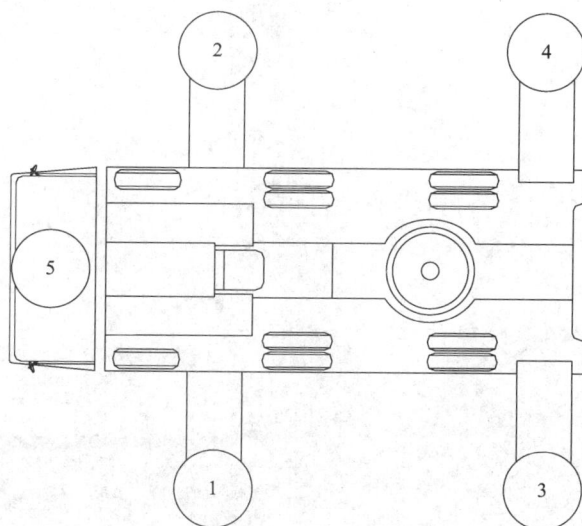

图 2 - 54　支腿动作示意图

(2)手柄的控制方式

顺序伸出 1、2、3、4 水平支腿。方法：将 1 号支腿操作杆往外（背离车身方向）扳起，将总控手柄往内（朝向车身方向）压下，伸出第 1 支腿。同样的方法伸出 2、3、4 水平支腿。水平支腿也可同时伸出。

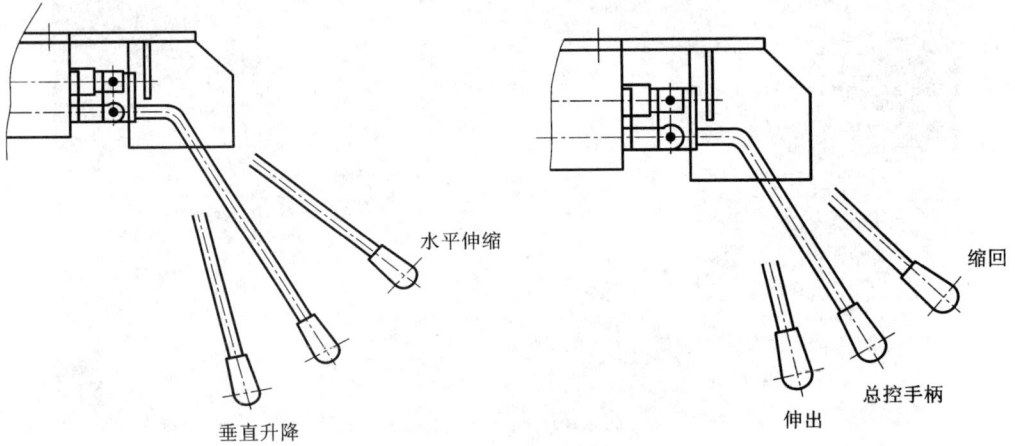

图 2 - 55　支腿控制示意图

水平支腿必须伸出到位，以防止在后续的臂架操作过程中导致倾翻事故发生。禁止在水平支腿没有完全伸出的情况下支设汽车起重机。

图 2 - 56　伸缩注意示意图

水平支腿缩回方法:将操作杆1,2,3,4均置于支腿水平缩回位置,然后将总控开关处于缩回工作位置,则四个水平油缸可同时缩回,待全部缩回后,将所有操作杆扳回中位,完成水平支腿的缩回。

4.垂直支腿操作

(1)将1~5号手柄往下压到工作位置,操作总控手柄至伸出位置,则垂直支腿油缸开始工作,垂直支腿伸出。

所有垂直支腿必须接触地面

**图2-57  支腿伸出**

(2)操作垂直支腿时,按照以下注意事项进行。

垂直支腿的操作必须使得汽车轮胎
离开地面。10 cm左右即可

**图2-58  轮胎离地**

操作垂直支腿时，观察水平仪，要求
气泡处于2°之内。保证起重机的水平

图2－59　整车水平

注意：汽车起重机工作时必须是水平支腿全伸，垂直支腿支起，第五支腿只能伸出到支脚盘刚触地为止，严禁不打支腿工作。

垂直支腿收回的方法：将操作杆1，2，3，4，5均置于支腿升降油缸的位置，然后将操纵手柄处于缩回工作位置，则五个垂直支腿同时缩回，将车身降下至轮胎全部接地后，将所有垂直支腿缩回。

### (三)、支腿操作要点

(1)将汽车起重机支平；

(2)使轮胎离开地面处于悬空状态；

(3)汽车起重机原则上应呈水平状态支设在水平而坚实的地面上，万一不得不在松软或倾斜的地面打支腿时，也一定要用与地面相适应的垫板将汽车起重机支平；

(4)汽车起重机支好后，必须确认每个支腿盘确实接触地面，不可有塌陷隐患；

(5)禁止在水平支腿没有完全伸出的情况下支设汽车起重机。

## 二、任务小结

支腿是汽车起重机十分重要的组成之一，汽车起重机进行吊装作业之前必须将支腿伸展到位，否则会导致翻车。本任务详细介绍了汽车起重机支腿使用应注意的一些内容，并对支腿操作的具体方法进行了说明。

# 项目三
# 汽车起重机上车操作

汽车起重机上车操作主要包括操作室面板操作、先导手柄操作或手推杆操作、SYLD 操作等内容。汽车起重机臂架的伸缩、变幅、回转以及吊钩的起升与下降都是在操作室控制的。

## 【知识目标】

1. 掌握操作室控制面板上开关按钮、指示灯的含义与使用;
2. 掌握手推杆型汽车起重机的伸缩、变幅等操作;
3. 掌握先导手柄型汽车起重机的伸缩、变幅等操作;
4. 掌握上车的启动与熄火方法。

## 【技能目标】

1. 能够进行汽车起重机的启动与熄火;
2. 能够按照要求完成臂架、吊钩等的相关操作;
3. 能够按照要求完成吊转任务。

# 任务一　操作面板操作

## 【知识目标】

熟悉操作室各仪器仪表、按钮开关，掌握操作室各开关的操作使用方法。

## 【技能目标】

能够对汽车起重机操作室操作面板进行操作；

重点介绍汽车起重机操作室的控制面板、仪器仪表以及其使用方法。

## 一、相关知识

### (一)操作室仪器仪表

汽车起重机操作室的操作面板如图 3 – 1 所示。

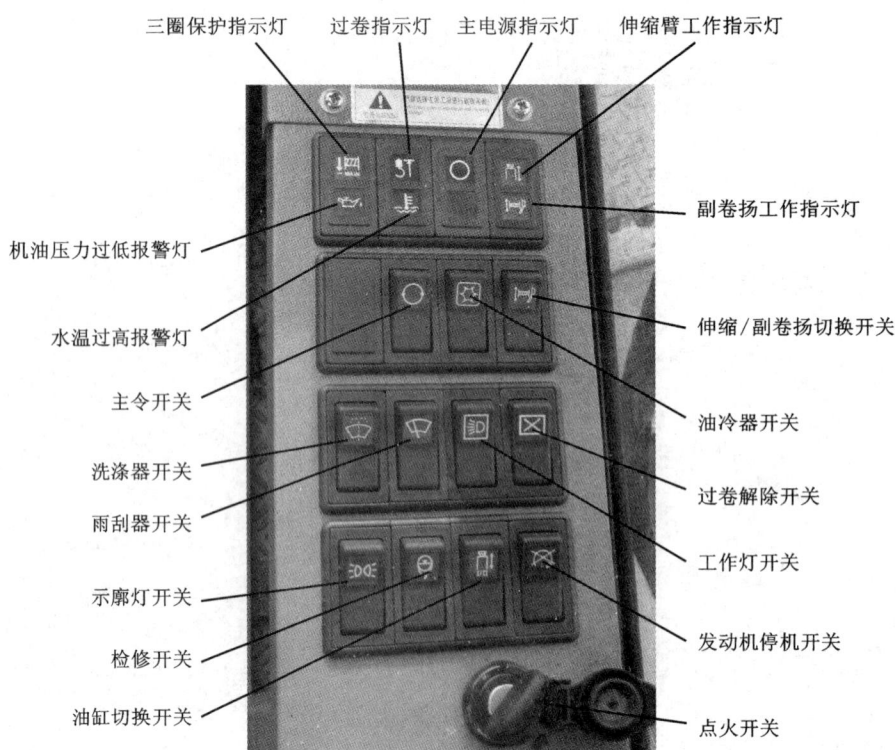

图 3 – 1　操作面板

**1. 开关按钮**

（1）点火开关：将启动钥匙插入点火开关，顺时针转动一挡，电源接通，上车控制系统通电。继续转动钥匙开关至三挡，发动机即可启动。

（2）发动机停机开关：将此开关按下，延时 1～2 s 发动机即熄火，松开后开关自动复位。

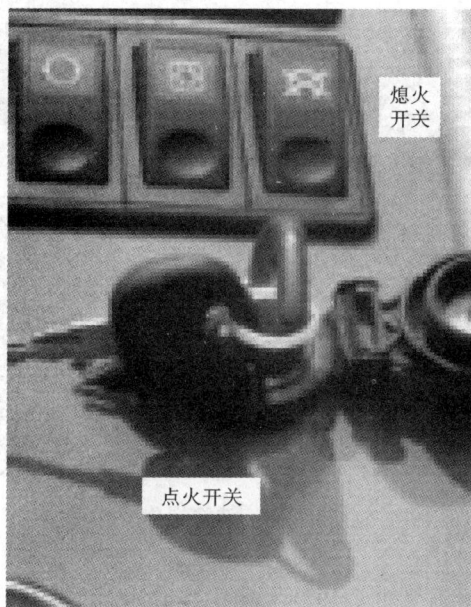

图 3-2　开关操作

（3）示廓灯开关：打开此开关，上、下车示廓灯、臂顶灯亮。

（4）工作灯开关：此开关打到一挡，操作室工作灯亮，开关打到二挡时，吊臂工作灯和操作室工作灯同时亮。

图 3-3　灯操作

（5）雨刮器开关：打到一挡时，前雨刮器低速工作，打到二挡时，前雨刮器高速工作。

（6）洗涤器开关：按下此开关，洗涤器电机开始工作，雨刮片喷嘴会喷出洗涤液。

> 注意：晴天单独使用雨刮器会划伤玻璃，应与洗涤液配合使用。如果没有洗涤液，连续运转不得超过 5 min，否则电机会被烧毁。

图 3-4 洗涤操作

（7）油冷器开关：按下此开关时，油冷风扇工作，注意：当液压油温度超过一定时，油冷器自带的温度控制开关会自动接通，即使该开关未按下，油冷风扇也会工作。

图 3-5 油冷与卷扬操作

（8）过卷解除开关：当按下此开关时，可取消高度限位保护和带载伸缩保护，应谨慎使用。

（9）油缸切换开关：当 1 号油缸伸到位以后，可通过按下此开关切换到 2 号油缸。

（10）检修开关：在基本臂状态下按下此开关，做伸缩臂动作时只动作 3、4、5 节臂，如不在基本臂状态下使用此开关,将会出现蜂鸣器报警、"请在基本臂情况下进行切换"的显示提示和伸缩动作被切断等状况。

图 3-6 开关操作

（11）伸缩/副卷扬切换开关：此开关用于副卷扬和伸缩臂的工况切换。

（12）主令开关：打开此开关,系统建立压力,汽车起重机方能正常工作。

图 3-7 开关操作

2. 指示灯

H1——主电源指示灯

H2——液压油堵塞指示灯

H3——机油压力过低报警灯

H4——超载指示灯

H5——三圈保护指示灯

H6——过卷指示灯

H7——水温过高报警灯

H8——超载预警指示灯

## (二)面板操作

(1)当取力器已挂好,汽车起重机处于熄火时,插入钥匙,转动至三挡,启动发动机;

(2)按下主令开关,接通上车电源;

(3)此时可以按照要求对上车进行各种动作操作;

(4)如果需要停机,则按下熄火开关,保持几秒钟时间即可。

## (三)力矩限制器操作

使用时,首先打开电源开关,系统在供电电源接通后,会自动进行系统外围和自身状态检测。若无异常,则进入汽车起重机监控状态(即主画面)。进入监控状态后,系统会自动采用"主臂主钩"和"8倍率",同时发出三次预警信号。具体操作如下所述:

1.显示界面要求及按键定义

显示界面包括八种形式的页面:主页面、密码登录页面、系统功能选择页面、长度调整页面、角度调整页面、参数调整页面、信息查询页面、时间设置页面。开机默认页面为主页面。显示屏按键为F1—F8。每个按键在不同的画面功能不一样,使用时要参照每个画面对按键功能的定义。

(1)主页面

①力矩百分比:利用棒图和百分比数值显示力矩的实际值;

②实时显示臂长、角度、幅度、额重、实重;

③显示当前工况,在主臂工况下,显示当前倍率;

④实时显示故障及报警信息,显示当前时间;

⑤工况和倍率的选择:工况由F2来切换,每按一次切换一种工况。变化顺序为:主臂主钩、主臂副钩、副臂0°、副臂15°、副臂30°循环。倍率的设置由F3来切换,每按一次F3,倍率加1,到10倍率后再按F3就又回到1倍率。

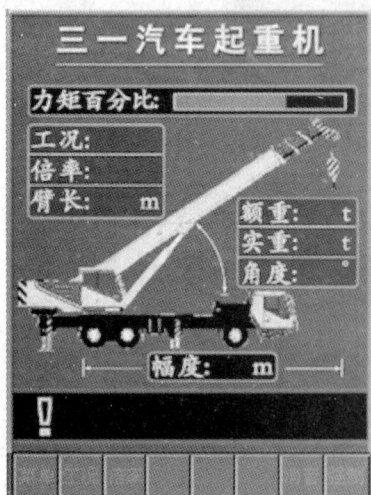

图3-8　主页面

图3-9　密码登录页面

（2）密码页面

在主画面下，按 F1（菜单）即可进入密码页面。当输入密码正确时，按确认键可进入系统功能页面。当输入密码不正确或没输密码时，连按两下确认键可返回主页面。

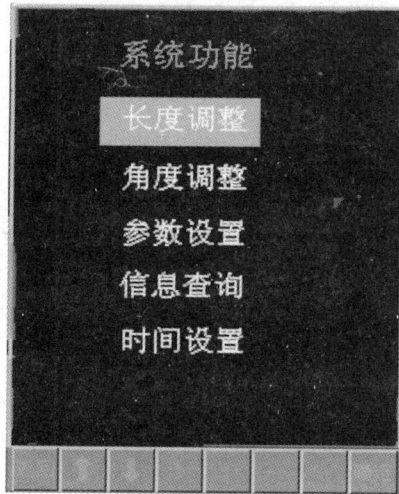

图 3 – 10　系统页面

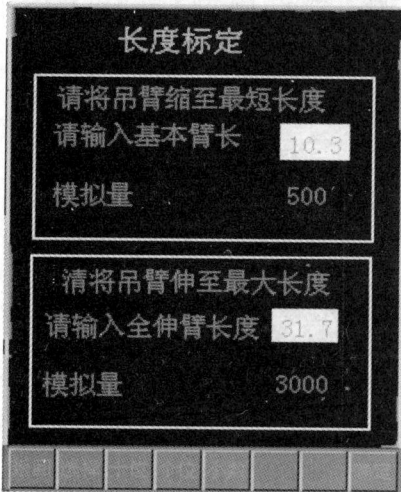

图 3 – 11　长度调整

图 3 – 12　角度调整

（3）系统页面

正确输入密码后按 F8（确认）即可进入系统功能页面。

系统功能页面主要用于子页面选择，内容包括：长度调整、角度调整、参数调整、信息查询、时间设置。使用 F2（向上）或 F3（向下）来移动光标。按 F8（确认）可进入选择好的页面，按 F1（返回）可返回主页面。

2. 力矩限制器调试参数调整

（1）长度调整

按 F2（选择）来选择需要修改的数据。选择到的方框以高亮显示；先选择调整基本臂长的方框，把汽车起重机缩至基本臂长后输入实际的基本臂长。之后再选择调整全伸臂长的方框。把汽车起重机伸至全伸臂后输入实际的最大臂长；全部修改完成后按 F8（确定）来确定修改。如不用修改或确认修改，按 F1 返回到上一页面。

（2）角度调整

①模拟量值是系统采集的实际数值，用户无法修改；

②按 F2（选择）来选择需要修改的数据，（选择到的方框以高亮显示）；

③先选择最小角度的调整，把汽车起重机的臂架角度降到最小，利用精密角度测量仪把测到的实际角度输入方框内；

④再选择最大角度的调整，把汽车起重机的臂架角度升到最大，利用精密角度测量仪把测到的实际角度输入方框内；

⑤如修改完成，按 F8（确定）来确定修改；

⑥如不用修改或确认修改后，按 F1（返回）返回到上一页面。

（3）功能操作

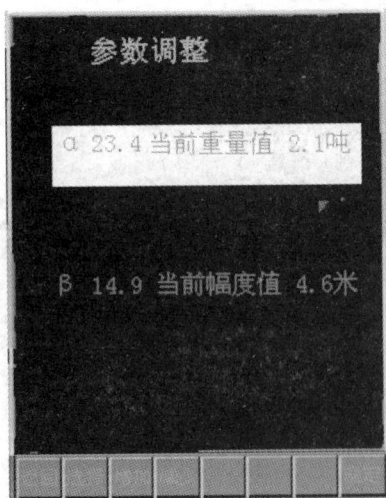

图 3-13　信息查询

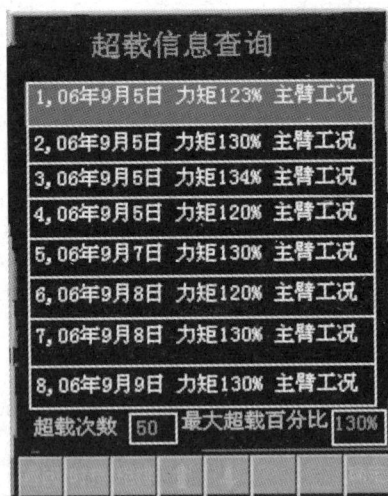

图 3-14　超载信息查询

①信息查询

（a）实时显示系统总的工作时间；

（b）F2（选择）切换光标，可用来选择超载信息查询或异常信息查询；

（c）F3（确认）可进入相应光标选择的信息查询画面；

（d）F1（返回）可返回上一页面。

②超载信息查询

（a）每条信息包括时间、力矩百分比、工况；

（b）可以选择按时间排序（F2）或力矩百分比排序（F3）；

(c)通过向上箭头(F4)和向下箭头(F5)来上下移动光标;

(d)确定键(F8)可以进入查看所选信息的详情页面;

(e)返回键返回上一页面;

(f)显示机器总的超载次数及最大超载百分比。

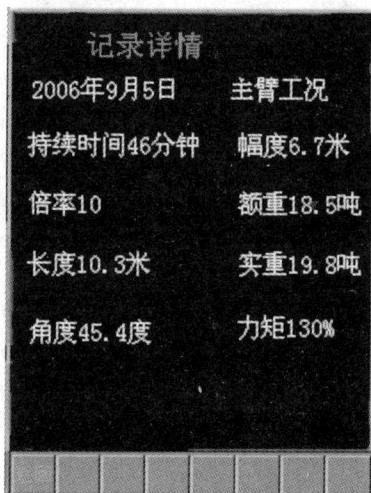

图 3－15    信息详情

③信息详情

(a)信息详情页面显示此次超载的时间;

(b)工况(如是主臂主钩,则还显示倍率);

(c)持续超载的时间、工作幅度、额重;

(d)长度、实重、角度、力矩百分比;

(e)按返回键(F1)可以返回上一页面。

## 二、任务小结

详细介绍了上车操作室内控制面板各开关的使用方法以及含义,并对通过上车进行启动和熄火的操作进行了介绍,还针对力矩限制器的使用做了说明,通过本任务的学习,能够对操作室内的操作面板及力矩限制器进行操作使用。

# 任务二　汽车起重机基本操作

## 【知识目标】

熟知汽车起重机安全操作的要领。

## 【技能目标】

能进行汽车起重机的简单操作。

## 一、相关知识

### （一）设备操作注意事项

1. 作业前的车辆检查

（1）检查轮胎气压、轮毂螺栓、转向连杆连接正常；

（2）围绕车检查一圈，检查油、气等无渗漏；

（3）检查发动机的冷却液，机油、燃油、液压油要充足；

（4）检查发动机三滤及液压系统滤芯并及时清理或更换；

（5）检查蓄电池接线桩牢固可靠，电解液液面高度符合规定；

（6）检查仪表、开关、灯光、信号、雨刮器正常；

（7）检查转向、制动系统各部件运动灵活、连接可靠；

（8）检查传动轴螺栓、骑马螺栓可靠、无损坏断裂等现象；

（9）排除储气筒内的积水。

2. 作业前的环境检查

（1）工作场地风速小于 7 级；

（2）允许使用的环境温度 −20℃ ～ +40℃；

（3）支承地面应坚实，抗压强度≥3MPa；严禁在阴沟、下水道盖板上打支腿；

（4）工作时，整车倾斜度不大于 1%；

（5）工作场地周围无障碍物、电线等影响作业。

3. 安全操作必备技能

上车操作前，必须熟练掌握以下手势，并对任何人任何时候发出的停止信号都要服从。

预备：手臂伸直置于头上方，五指自然伸开，手心朝前保持不动

要副钩：一只手握拳小臂向上不动，另一只手伸出，手心轻触前只手的肘关节

吊钩上升：小臂向侧上方伸直，五指自然伸开高于肩部，以腕部为轴转动

指示降落方向：五指伸直，指出负载应降落的位置

停止：小臂水平置于胸前，五指伸开，手心朝下，水平挥向一侧

紧急停止：两小臂水平置于胸前，五指伸天，手心朝下，同时水平挥向两侧

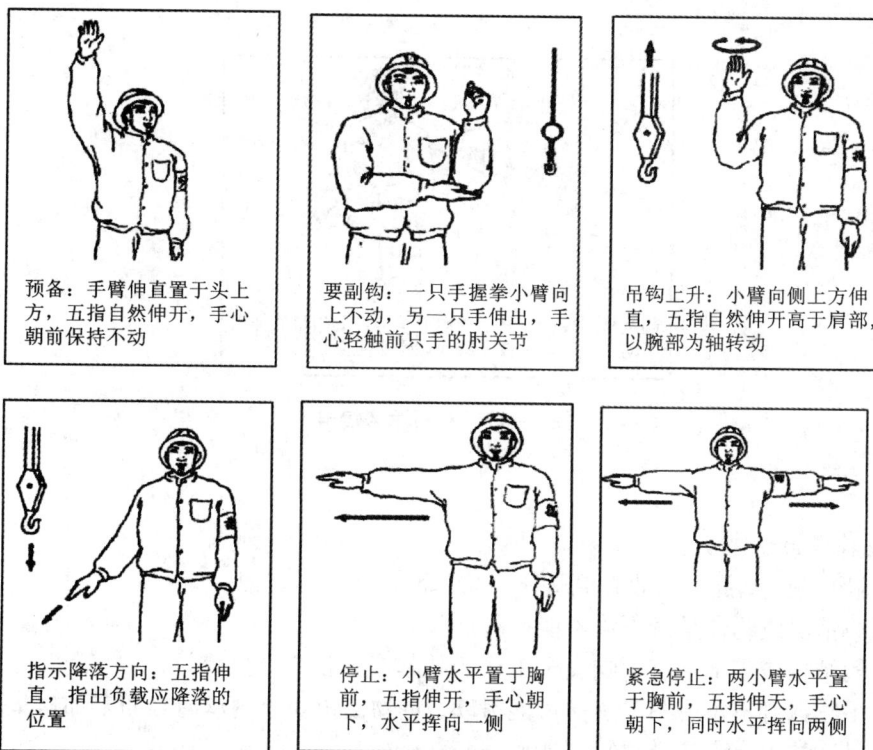

**图 3 - 16　通用手势信号**

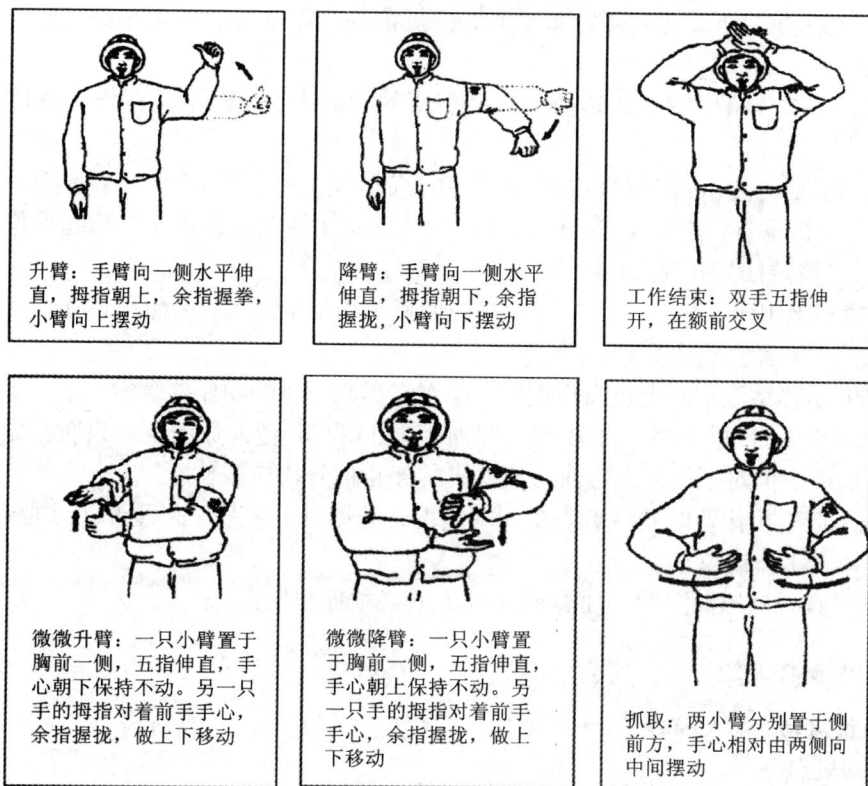

升臂：手臂向一侧水平伸直，拇指朝上，余指握拳，小臂向上摆动

降臂：手臂向一侧水平伸直，拇指朝下，余指握拢，小臂向下摆动

工作结束：双手五指伸开，在额前交叉

微微升臂：一只小臂置于胸前一侧，五指伸直，手心朝下保持不动。另一只手的拇指对着前手手心，余指握拢，做上下移动

微微降臂：一只小臂置于胸前一侧，五指伸直，手心朝上保持不动。另一只手的拇指对着前手手心，余指握拢，做上下移动

抓取：两小臂分别置于侧前方，手心相对由两侧向中间摆动

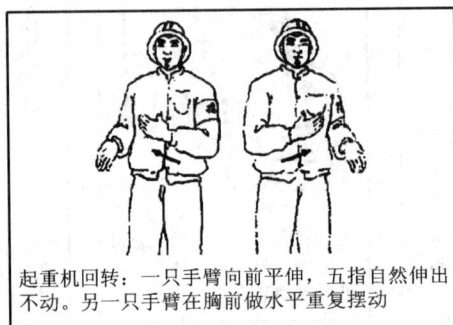

起重机回转：一只手臂向前平伸，五指自然伸出不动。另一只手臂在胸前做水平重复摆动

图 3—17　专用手势信号

4.起重作业注意事项

(1)车辆行驶时，起重钩收存到规定位置，锁定转台固定销。

(2)超载情况或物体重量不清不能操作。

(3)车辆结构或零部件有影响安全工作的缺陷或损伤不能操作。

(4)被吊物捆绑不牢或不平衡而可能滑动，重物棱角处与钢丝绳之间未加衬垫不能操作。

(5)被吊物体上有人或浮置物不能操作。

(6)有载荷的情况下不能调整起升、回转机构的制动器。

(7)所吊物重量接近或达到额定重量时，应提前检查制动器，并用小高度、短行程试吊后，再进行操作。

(8)严禁斜拉、斜吊物品，严禁抽吊交错挤压的物品，严禁起吊埋在土里或冻黏在地上的物品。

(9)一般情况下不允许用两台或两台以上的汽车起重机同时起吊一个重物。特殊情况下，钢丝绳应保持垂直，各台汽车起重机的升降运行应保持同步，各台汽车起重机所承受的载荷均不得超过各自的额定起重量。

(10)在载荷作用下，因主起重臂发生挠曲而使工作幅度加大，因而用户在估算起重量和使用幅度时，要考虑这个因素。

(11)在开始熟悉汽车起重机操作期间，操作汽车起重机的动作要缓慢。

(12)起重作业时要集中精力，不要东张西望，不得与其他人员闲谈。只对指定的指挥员的信号做出反应。但对于任何人任何时候发出的停止信号均应服从。

(13)汽车起重机作业时要注意观察周围情况，避免发生事故。当重物处于悬挂状态时，操作工不得离开工作岗位。

(14)注意查看液压油温度。油温超过80℃时必须停止操作。

**（二）上车操作方法**

1.发动机启动、熄火操作

(1)发动机启动

将启动钥匙插入启动锁，顺时针转动一挡，继续转动钥匙至三挡，发动机即可启动。

54

（2）发动机熄火

按下控制面板上的熄火开关，延时 1 ~ 2 s 后松开，发动机即熄火。

图 3 – 18　启动操作

2. 操纵上车前的注意事项

（1）操作上车前应对制动器、吊钩、钢丝绳和安全装置进行检查，发现异常应排除；

（2）工作场地明亮，看得清场地、被吊物及指挥信号等；

（3）汽车起重机的液压油位达到要求；

（4）各操作手柄和开关均处在"中位"或"断开"的位置。

3. 汽车起重机起升、臂伸缩、回转操作

目前汽车起重机操作有两种控制方式：①先导式；②推杆式。上车各动作应按变幅、后落钩、再回转、再伸臂的顺序进行，随意操作会导致卷扬钢丝绳乱绳。如图 3 – 19 和图 3 – 20。

左控制手柄：伸缩臂和回转操作；右控制手柄：主转扬和变幅操作。

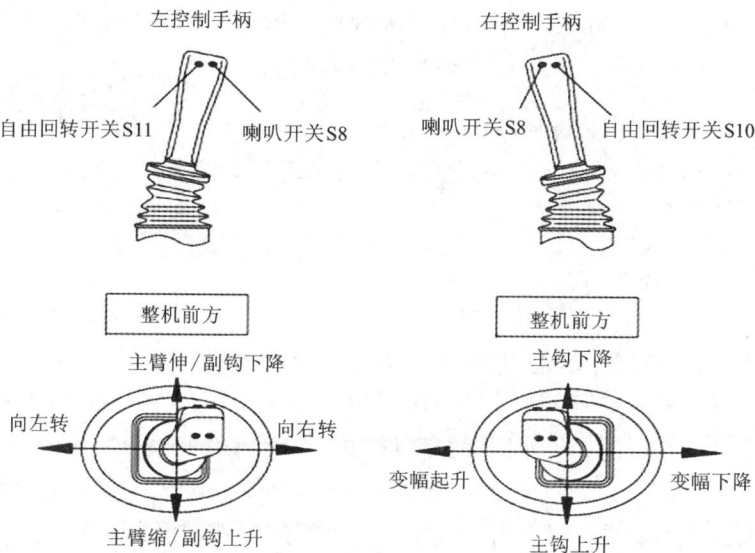

图 3 – 19　先导式操作示意图

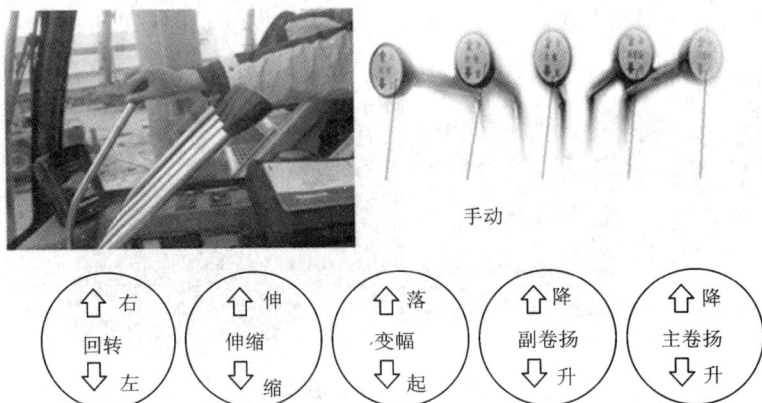

图 3-20　推杆杆式操作示意图

（1）起升机构操作

操作要点：

a.只允许垂直起吊载荷，不允许拖拽尚未离地的载荷，要尽量避免侧载；

b.起升机构操作动作不可过急；

c.起升作业之前，必须确认起升机构制动器确实正常工作。

主起升操作方法：

按下主令开关 S9，操作右控制手柄前推，起重钩落下，后拉起重钩上升。起落速度由右控制手柄和油门来调节。

副起升操作方法：

按下主令开关 S9 和伸缩/副卷扬转换开关（Sx），将左控制手柄前推，副起重钩落下，后拉副起重钩上升。起落速度由左控制手柄和油门来调节。

注意：为了防止起吊重物时有侧载，在起升操作的同时，按住自由回转开关（S10 或 S11），使其具有自由滑转的功能，起重臂自由滑转正对重物重心，重物离地后再松开自由回转开关。

（2）主起重臂伸缩操作

操作要点：

主起重臂伸缩时，起重钩会随之升降。因此在主起重臂伸缩的同时，要进行起升操作，使起重钩高度适宜。主起重臂伸出后，液压油温的变化会引起主起重臂的微量伸缩。例如，在主起重臂伸出量为 5 m 时，若液压油温降低 10℃，缩回约 40 mm。

上述的自然伸缩量除了受液压油温变化的影响之外，还受到主起重臂伸缩状态、主起重臂仰角、润滑状态等因素的影响。为了避免主起重臂的自然回缩，应注意以下事项：

液压油温不能过高；主起重臂发生自然回缩时，可适当进行伸、缩操作来调整；绝不允许带载伸缩。

伸缩操作方法：

56

推杆控制：将伸缩操纵杆向前推主起重臂伸出，向后拉则主起重臂缩回，速度由操纵杆角度和发动机油门来调节。

先导控制：按下主令开关 S9，将操纵手柄向前推主起重臂伸出，向后拉则主起重臂缩回，速度由操作手柄和油门来调节。

（3）起重臂变幅操作要点及方法

a.起重臂不可超出主起重臂仰角极限值。开始和停止变幅操作时，应缓慢操作，不可过急。

b.只允许垂直起吊载荷，不允许拖拽尚未离地的载荷。

主起重臂变幅操作方法：

a.推杆式操作：将变幅操作杆向前推为落臂，后拉为起臂。其变幅速度由操纵杆角度大小和油门控制。

b.先导式操作：按下主令开关 S9，将操作手柄向右扳为落臂，左扳为起臂。其变幅速度由操纵手柄角度大小和油门控制。

（4）转台回转操作要点及方法

回转操作前，确定支腿的横向跨距符合规定值。回转之前，必须脱开转台机械锁定装置。启动和停止回转操作时，动作要缓慢，不可过急。必须确保足够的作业空间。

回转操作方法

执行回转动作之前，应先脱开机械锁定装置。对推杆式操作：将操作杆向前推，转台向右转；向后拉，转台向左转。先导式操作：左操作手柄向右扳，转台向右转；向左扳，转台向左转。其速度是由操手柄角度和发动机油门大小来控制。

（5）副卷扬操作方法

操作前确定高度限位器正常。空载起、落钩注意观察卷扬情况，防止乱绳。

推杆控制：将副卷扬操纵杆前推副钩下落，后拉副钩上升。起、落速度由操纵杆角度和发动机油门来调节。

先导控制：按下主令开关 S9 和伸缩/副卷扬转换开关 S13，将左控制手柄前推副钩下落，后拉副钩上升。起、落速度由左控制手柄角度和发动机油门来调节。

图 3-21　熄火开关

4.发动机熄火、停车

按下控制面板上的熄火开关，延时 1~2 s 后松开，发动机即熄火。

注意事项：

（1）车辆需停放在安全且不影响交通的地方；

（2）车辆行驶到指定位置后，松开脚油门，踩下脚制动踏板制动，待车停稳后，将停车制动操纵手柄向后扳动直至锁定；

（3）将变速器切换到空挡位置；

（4）熄火前空加油 2~3 次，使各部分得到充分润滑，再关闭钥匙开关，使发动机熄火；

（5）将电源总开关关掉，以防蓄电池放电；

（6）对整车巡视无问题时离开。

## 二、任务小结与思考

### (一)小结

上车操作前，必须熟练掌握通用手势、专用手势。

汽车起重机操作前检查。

掌握变幅、起升、回转、伸缩等操作方法。

### (二)思考题

伸缩操作注意事项是什么？

# 任务三　汽车起重机施工

## 【知识目标】

了解汽车起重机的选型以及施工作业操作过程、作业注意事项等内容。

## 【技能目标】

能够根据施工作业任务对汽车起重机进行操作，安全有效地完成施工任务。

本任务介绍了根据作业环境在选取汽车起重机时的一些注意事项，并就施工作业中的一些操作和关键点进行了讲解。通过本任务的学习和不断地反复练习，能够更加熟练地进行汽车起重机操作，并且能够完成对应的施工作业任务。

## 一、相关知识

### （一）汽车起重机的施工

汽车起重机是工程汽车起重机的主要品种之一，同时又是一种使用范围广泛、作业适用性大的通用型汽车起重机。它适用于工业建筑、民用建筑和工业设备安装等工程中结构与设备的安装工作，也广泛适用于交通、农业、油田、水电和军工等部门的安装工作，如图 3 – 22。因此它对减轻劳动强度、节省人力、降低成本、加快施工速度、提高施工质量、实现施工机械化起着十分重要的作用。

三一汽车起重机以其整机重心低、稳定性好、行驶速度高、机动灵活、有利于快速转移作业场地等特点，广泛应用于工厂、矿山、港口、建筑工地等场所的起重作业和安装工程。图 3 – 22(a)和(b)为国外大吨位汽车起重机的应用，图 3 – 22(c) ~ (f)为 SANY 牌汽车起重机在工业设备安装、交通、农业和厂矿工地的施工现场。

(a) 建筑施工

(b) 桥梁施工

(c) 工业设备安装

(d) 交通施工

(e) 农业施工

(f) 厂矿企业应用

图 3-22　汽车起重机施工场所

## (二)汽车起重机的选型

根据汽车起重机施工的对象、场地要求以及一些其他因素，要求对汽车起重机进行选型。选型主要考虑以下几个方面：

**1. 底盘部分**

国内汽车起重机主要采用自制底盘以及少量的进口底盘（QY25t 以上）和通用二类底盘（QY16t 以下）。通用底盘一般选择东风二类底盘，技术基本趋于成熟。国内自制底盘主要有半驾和全驾两种，由于汽车起重机大部分在户外进行起重作业，产品的承载能力、稳定性和通过性能十分重要。底盘作为汽车起重机的动力之源，不管是行驶还是起重作业都必须保证具有良好的动力，必须考虑到发动机额定输出功率、额定输出扭矩及产品排放标准。另外，变速器、车桥、转向机构、离合器和悬挂装置等配置也是必须考虑的因素。在施工过程中，还要根据施工现场的环境来综合考虑车身的高度和长度，从而确定上车的穿越性。

**2. 上车部分**

上车部分主要包括伸缩机构、起升机构、变幅机构和回转机构等，是整车实现起重功能的核心。目前国内产品的主臂由 2 节至 7 节组成，有四边形截面、六边形截面、多边形截面以及椭圆形截面等。六边形吊臂较四边形吊臂先进，受力结构合理，同等截面积的力学性能有较大提高。椭圆形吊臂是一种受力较理想的吊臂截面形式，它能充分发挥材料的机械性能，抗屈曲能力强。主臂伸缩方式主要有单缸加绳排、双缸加绳排以及单缸自动插销伸缩机构等。吊臂的变幅由 1 根或 2 根前置式双作用油缸驱动。起升机构一般采用液压变量马达通过行星减速机驱动带槽卷筒实现起升与下降作业。小吨位一般只采用单卷扬，QY16t 以上产品一般都配有主、副卷扬，主、副卷扬机构可分别单独控制。回转机构由液压马达通过摆线针轮减速机驱动其输出轴上的小齿轮绕固定在车架上的回转支承内齿圈转动，从而带动转台上各机构做 360° 全回转运动。在所有机构运行过程中，液压系统起着至关重要的作用，液压系统的关键件包括主液压泵、主控制阀、支腿操纵阀，主、副卷扬和回转减速机等，主液压泵由底盘发动机驱动，主控制阀分别控制回转、伸、缩、变幅及卷扬作业动作，支腿操纵阀通过底盘单侧或两侧操纵杆控制支腿同时或单独工作。上车操纵方式有手柄操作和电液先导控制，电液先导控制是目前国内最为先进的操纵方式。施工时要根据对载荷的了解来选择上车部分，如载荷有 25 t，则必须选择主臂承载能力在 25 t 以上的臂架。

**3. 安全性**

汽车起重机的安全装置是必不可少的，一个好的产品也是一个安全性最好的产品。汽车起重机安全装置主要有起重力矩限制器、防过卷装置（高度限位器）、防过放装置、吊钩防脱钩装置、双向液压锁、平衡阀及液压溢流阀等，用户在施工时必须对车型的安全性进行充分的了解。

**4. 整车性能**

整车主要性能指标有底盘参数、工作性能参数、行驶参数、质量参数和尺寸参数等。就起重性能而言，起重特性表充分反映了汽车起重机在各种不同幅度起升能力。参数表中的幅度是汽车起重机回转中心到吊钩中心的水平距离，是衡量起升能力的一个重要参数。在起升质量和高度相同的情况下，幅度越大，说明其工作范围就越大。起重力矩综合了起升质量和幅度两个因素的参数，它的数值大小可以让用户全面确切地了解汽车起重机的起重能力。通常所说的起升高度是指主臂全伸加副臂所能起吊的最大高度，此值越大说明此汽车起重机的高空工作范围就越大，应用范围也就越广泛。工作速度也是反映起重性能的一个主要参数，它包括起升速度（通常用单绳最大起升速度来表示）、回转速度、变幅速度（通常用起臂时间表示)、起重臂伸缩速度(时间)、支腿收放速度(时间)。对于起臂时间、伸缩时间和支腿收放时间,当然是越短越好。

5.关键件配置

主要部件的好坏关系到整车的性能,它是汽车起重机良好运行的基础。在选购汽车起重机时要对同类型汽车起重机进行比较全面的调查、多方比较,同一吨位也存在不同类型的产品,要比较各型号产品的优势和劣势,做到胸有成竹。另外同类型汽车起重机有不同的配置,可根据需要选用不同的配置,当然在选用不同配置时,价格也不尽相同,施工应根据自己的需要进行配置,追求最好的价格性能比。

**(三)施工过程要求**

下面用一个例子来讲述汽车起重机的施工过程以及具体操作要求。

任务:将货物吊到平面上指定位置。

1.任务要求

将地面的桶吊到图中所示的圆圈内,要求不能压到圆圈的边线,且在下放过程中,桶接触地面即为操作结束。如图 3 – 23 所示:

图 3 – 23　水平方向吊运任务

2.施工操作过程

(1)将汽车起重机停放在距离起吊物不远且结实牢靠的地面上,车子两侧空间足够宽阔,能保证支腿完全伸展出来。

(2)停车后挡位挂到空挡位置,拉手刹。

(3)根据前面所讲述驾驶室操作方法,对汽车起重机进行取力操作。

(4)取力完成后,离开驾驶室,关上驾驶室的门。

(5)根据支腿操作要求,将支腿伸展到位,注意检查水平仪显示的度数是否在允许范围之内,且轮胎离地面不宜过高,如图 3 – 24 所示。

(6)确定起吊物即桶所在的位置,进入操作室。

**图 3 – 24 支腿伸展**

(7)操作臂架仰起，并进行回转操作，将臂架转到货物所在的方位，如图 3 – 25 所示。

**图 3 – 25 臂架仰起回转**

(8)目测货物到回转中心的距离，放下起重吊钩，并进行臂架伸缩操作，伸缩动作至臂架能吊到货物的位置，吊钩处于货物上方即可。在操作过程中注意，进行伸缩操作时注意吊钩的位置，严禁吊钩撞上臂尖滑轮，如图 3 – 26 所示。

(9)操作落钩，当吊钩落到货物上方时，停止操作，一人负责用吊带将货物固定好，挂到吊钩上。

(10)待臂架下方工作区域人员全部离开后，操作吊钩上升，注意货物离开地面缓慢操作吊钩上升。在起吊过程中注意保持货物的平衡。

(11)吊起货物离地面不要太高，1 m 以内即可，然后操作回转，将货物转吊到指定的圆圈方位，注意操作回转时速度不宜太快，启动和停止必须缓慢过渡，以免导致货物在空中出现大幅度的摆动。

(12)操作变幅动作，并同时操作吊钩，使吊钩所吊货物正好处于圆圈正上方，此时缓慢放下吊钩，货物落在圆圈内。

图 3 – 26　臂架伸缩操作

（13）停止操作汽车起重机，一人负责将货物和吊带卸下，吊运作业完成，此时按照前面所讲述的汽车起重机操作方法，收回汽车起重机，施工完毕。

3. 注意事项

（1）施工过程前，汽车起重机支腿必须伸展到位，而且支撑支腿的地面必须结实牢靠，以防止在施工过程中出现地面塌陷而导致翻车事故。

（2）汽车起重机在带有负载的时候，不允许操作伸缩机构进行变幅，以免损伤伸缩油缸。

（3）施工过程中如需要操作回转，则注意在启动和停止时候注意慢推慢放手柄，以免造成上车的晃动和货物的摆动，从而导致撞上其他物件或致使翻车。

（4）汽车起重机在施工过程中，工作区域严禁站有其他人员，以免发生事故。

## 二、任务小结与思考

汽车起重机在施工前要根据负载特性、场地情况以及成本代价来综合考虑所选择的汽车起重机型号。在施工过程中要注意综合考虑周边作业环境，操作中要保证设备和负载的安全，按照汽车起重机操作的流程进行，注意相关事项，以确保施工作业能够高效安全地进行。

**项目四**
# 汽车起重机保养

　　为了保证汽车起重机运行正常，避免因发生故障而影响施工，所有的检查、维修和保养工作都必须严格执行。只有这样，才能减少产品的故障率，延长易损件寿命，减少维修费用，从而获取更高的收益。

## 【知识目标】

　　1.了解三级保养的概念；

　　2.掌握各部位三级保养的周期；

　　3.掌握底盘润滑的部位与方法；

　　4.掌握汽车起重机汽车底盘、上车各构件的润滑周期与润滑方式；

　　5.掌握机油、柴油更换的方法与步骤；

　　6.掌握三滤过滤器的更换和清洗方法；

　　7.掌握各部件和润滑油的更换周期和注意事项；

　　8.掌握汽车起重机汽车整车的紧固周期。

## 【技能目标】

　　1.学会黄油枪的使用方法；

　　2.汽车底盘部分各部位的润滑方法和保养周期；

　　3.能够正确找出整车各部位的润滑点；

　　4.能够正确选择润滑油和润滑方式；

　　5.能够掌握各部件的润滑周期；

　　6.能够在更换周期内使用正确的保养装备和方法对汽车起重机进行更换齿轮油、机油和润滑机油等；

　　7.能够对汽车起重机的过滤器进行更换或清洗；

　　8.能够正确找出整车的紧固点并对之进行紧固检查。

# 任务一　三级保养制

## 【知识目标】

1.了解三级保养的概念；
2.掌握各部位三级保养的周期；
3.掌握底盘润滑的部位与方法。

## 【技能目标】

1.学会黄油枪的使用方法；
2.汽车底盘部分各部位的润滑方法和保养周期。

## 一、相关知识

### （一）三级保养概念

三级保养制度是我国20世纪60年代中期开始，在总结苏联计划预修制在我国实践的基础上，逐步完善和发展起来的一种保养修理制，它体现了我国设备维修管理的重心由修理向保养的转变，更加明确反映了我国设备维修管理的进步和预防为主的维修管理方针。

三级保养制是专业管理维修与群管群修相结合的一种设备维修制度。三级保养的具体内容包括日常维护保养（通称为例保）、一级保养（简称一保）和二级保养（简称二保）。

设备的"三级保养制"是依靠群众，充分发挥群众的积极性，实行群众管理，搞好设备维护保养的有效办法。

1."三级保养制"的内容

（1）日常维护保养：班前班后由操作工认真检查设备，擦拭各个部位和加注润滑油，使设备经常保持整齐、清洁、润滑、安全。

（2）一级保养：以操作工为主，维修工辅导，按计划对设备进行局部拆卸和检查、清洗规定的部位，疏通油路、管道，更换或清洗油线、油毡、滤油器，调整设备各部位配合间隙，紧固设备各个部位。

（3）二级保养：以维修工为主，列入设备的检修计划，对设备进行部分解体检查和修理，更换或修复磨损件，清洗、换油，检查修理电气部分，局部恢复精度，满足加工零件的最低要求。

2."三好""四会"的内容

实行"三级保养制"，必须使操作工对设备做到"三好""四会"的要求：

（1）"三好"的内容：

a.管好：自觉遵守定人定机制度，凭操作证使用设备，不乱用别人的设备，管好工具、附件，不丢失损坏，放置整齐，安全防护装置齐全好用，线路、管道完整。

b.用好：设备不带病运转，不超负荷使用，不大机小用、精机粗用。遵守操作规程和维护保养规程。细心爱护设备，防止事故发生。

c.修好：按计划检修时间，停机修理，积极配合维修工，参加设备的二级保养工作和大、中修理后完工验收试车工作。

（2）"四会"的内容

a.会使用：熟悉设备结构，掌握设备的技术性能和操作方法，懂得加工工艺，正确使用设备。

b.会保养：正确地按润滑图表规定加油、换油，保持油路畅通，油线、油毡、滤油器清洁，认真清扫，保持设备内外清洁，无油垢、无脏物、漆见本色铁见光。按规定进行一级保养工作。

c.会检查：了解设备精度标准，会检查与加工工艺有关的精度检验项目，并能进行适当调整。会检查安全防护和保险装置。

d.会排除故障：能通过不正常的声音、温度和运转情况，发现设备的异常状况，并能判断异常状况的部位和原因，及时采取措施，排除故障。发生事故，参加分析，明确事故原因，吸取教训，做出预防措施。

### （二）三级保养的时间周期

表4-1　汽车例行检查和保养的间隔里程表　　　　　　　　　　　　　　　　/1000 km

| 例行检查 | 一级保养 | 例行检查 | 二级保养 | 例行检查 | 一级保养 | 例行检查 | 三级保养 | 例行检查 | 一级保养 | 例行检查 | 二级保养 | 例行检查 | 一级保养 | 例行检查 |
|---|---|---|---|---|---|---|---|---|---|---|---|---|---|---|
| 5 | 10 | 15 | 20 | 25 | 30 | 35 | 40 | 45 | 50 | 55 | 60 | 65 | 70 | 75 |
| 85 | 90 | 95 | 100 | 105 | 110 | 115 | 120 | 125 | 130 | 135 | 140 | 145 | 150 | 155 |
| 165 | 170 | 175 | 180 | 185 | 190 | 195 | 200 | 205 | 210 | 215 | 220 | 225 | 230 | 235 |

表4-2　总成正常使用条件换油间隔里程

| 类　别 | 变速器 | 前、后桥 | 附　注 |
|---|---|---|---|
| 首次检查 | ● | ● | 行驶1500 km |
| 例行检查 | | | |
| 一级保养 | | | |
| 二级保养 | ● | ● | |
| 三级保养 | ● | ● | |

### (三)各级保养项目

#### 1.变速器

表 4－3

| 保养项目 | 首次检查 | 例行检查 | 一级保养 | 二级保养 | 三级保养 |
|---|---|---|---|---|---|
| 检查变速器润滑油面 | 每周检查一次 | | | | |
| 更换变速器润滑油(每年至少一次) | 首次行驶 1000 公里,以后 2 万公里一次 | | | | |
| 更换滤清器滤芯垫圈和 O 形圈 | 每次换油时 | | | | |
| 更换变速器通气装置 | | | | ● | ● |

#### 2.车桥及传动轴

表 4－4

| 前桥 | 首次检查 | 例行检查 | 一级保养 | 二级保养 | 三级保养 |
|---|---|---|---|---|---|
| 检查调整滚锥轴承间隙 | 第一次二级保养进行时 | | | | |
| 更换轮毂润滑脂 | | | | | ● |
| 中、后桥 | | | | | |
| 检查主减速器和轮边减速器油面 | ● | ● | ● | ● | ● |
| 检查调整轮毂滚锥轴间隙 | | | | | |
| 清洁通气装置 | | | ● | ● | ● |
| 更换主减速器和轮边减速器润滑油 | ● | | | ● | ● |
| 检查平衡轴轴承油面或更换 | ● | | | ● | ● |
| 传动轴 | | | | | |
| 重新紧固传动轴螺栓 | ● | | | | |
| 目检传动轴的连接和磨损 | | | | ● | ● |

#### 3.底盘

表 4－5

| 驾驶室 | 首次检查 | 例行检查 | 一级保养 | 二级保养 | 三级保养 |
|---|---|---|---|---|---|
| 检查刮水器的动作 | ● | ● | ● | ● | ● |
| 检查安装螺栓紧固情况 | ● | | | | |
| 底盘 | | | | | |
| 检查牵引钩的固定和动作 | ● | ● | | ● | ● |
| 紧固前钢板弹簧 U 形螺栓和支架 | ● | | | ● | ● |
| 紧固后钢板弹簧锁紧螺栓 | ● | | | ● | ● |
| 检查平衡悬挂工作情况 | ● | | | ● | ● |
| 检查前后钢板弹簧销轴的固定 | ● | | ● | | |

续表 4 – 5

| 驾驶室 | 首次检查 | 例行检查 | 一级保养 | 二级保养 | 三级保养 |
|---|---|---|---|---|---|
| 检查备胎的固定装置 | | | | ● | ● |
| 检查车轮螺母的固定 | ● | ● | | ● | ● |
| 检查蓄电池的固定 | | | | ● | ● |
| 检查燃油箱的固定 | | | | ● | ● |

### 4. 制动系统及整车

表 4 – 6

| 制动系统 | 首次检查 | 例行检查 | 一级保养 | 二级保养 | 三级保养 |
|---|---|---|---|---|---|
| 贮气筒放水 | ● | ● | ● | ● | ● |
| 检查气压系统密封性(气压表检查) | ● | | | ● | ● |
| 检查制动摩擦片厚度、制动器调整间隙 | | | | ● | ● |
| 清洁车轮制动器 | | | | | ● |
| 检查制动管路和软管易磨损部位 | ● | | | ● | ● |
| 检查制动室的功能 | | | ● | ● | ● |
| 检查脚、手制动和排气制动效能 | ● | | ● | ● | ● |
| 整车 | | | | | |
| 短途试车 | ● | | ● | ● | ● |

### 5. 电气系统

表 4 – 7

| 电气 | 首次检查 | 例行检查 | 一级保养 | 二级保养 | 三级保养 |
|---|---|---|---|---|---|
| 检查电气系统(信号灯、前照灯、示宽灯、刮水器、暖风和通气装置)工作情况 | ● | ● | ● | ● | ● |
| 检查蓄电池电解液高度、比重及单元电压 | ● | | ● | ● | ● |
| 检查蓄电池接线柱的固定、电极涂润滑脂 | ● | | ● | ● | ● |
| 检查电子转速表、转速的正确性 | ● | ● | ● | ● | ● |

### 6. 转向系统

表 4 – 8

| 转向系统 | 首次检查 | 例行检查 | 一级保养 | 二级保养 | 三级保养 |
|---|---|---|---|---|---|
| 更换转向机油(20000 ~ 25000 km) | ● | | | | |
| 检查和调整前轮定位 | ● | | | | |
| 检查转向油罐油面高度 | ● | | ● | ● | ● |

续表 4 - 8

| 转向系统 | 首次检查 | 例行检查 | 一级保养 | 二级保养 | 三级保养 |
|---|---|---|---|---|---|
| 检查转向油罐的油滤器 | | | | | ● |
| 检查转向系统的功能 | | | | | ● |
| 检查转向杆件间隙 | | | | ● | ● |
| 检查转向杆件的螺栓、接头和锁紧件 | ● | | | | |

### (四)黄油枪

汽车起重机底盘部分的润滑方法常见的有油枪注入、抹油、换油、滴油等几种。其中最主要的有油枪注入法。

黄油枪是一种给机械设备加注润滑脂的手动工具。黄油枪由手柄、枪头、枪管、拉手四部分构成,加油嘴可分为尖嘴和平嘴两种,附件分软管和硬管这两种,枪管内部是由皮碗、弹簧、钢珠、排气螺丝等组成。

它可以选装铁枪杆(铁枪头)或软管(平枪头)加油嘴。对加油位置处于空间宽敞的地方可用铁枪杆(铁枪头),对加油位置隐蔽,拐弯抹角的地方就必须用软管(平枪头)来加油。

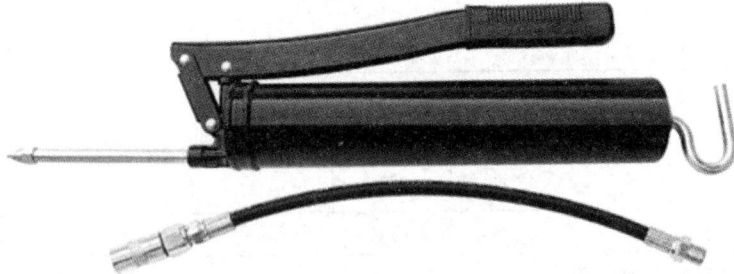

图 4 - 1  黄油枪

## 二、小结与思考

### (一)小结

本任务重点介绍汽车起重机的三级保养制度,通过学习本任务能够掌握黄油枪的使用方法并掌握汽车整车的保养方法和保养周期。

汽车起重机的保养采用的是国家标准的三级保养制度,三级保养制度包括日常保养、一级保养和二级保养。保养过程中最常用的润滑方法是黄油枪加注法。

### (二)思考题

如何排除黄油枪中的空气?

# 任务二　润滑

## 【知识目标】

掌握汽车起重机汽车底盘、上车各构件的润滑周期与润滑方式。

## 【技能目标】

1. 能够正确找出整车各部位的润滑点；
2. 能够正确选择润滑油和润滑方式；
3. 能够掌握各部件的润滑周期。

## 一、相关知识

### （一）下车润滑

**1. 离合器的润滑**

（1）每月在踏板支架上的油杯处加注少量的锂基润滑脂。

（2）每行驶 1500 km 后，在离合器分离轴承的一处润滑点用油枪注入润滑脂。离合器分离叉轴的两处润滑点用油枪注入润滑脂。

**2. 传动轴的润滑**

新车行驶 1000 ~ 1500 km 用手压润滑脂枪向中间支承的一处润滑点、传动轴万向节轴承的四处润滑点和传动轴滑动叉中注入 2 号锂基脂润滑，以后每行驶 1500 km 后，用油枪注入润滑脂。传动轴万象联轴节如图 4 - 2 所示。

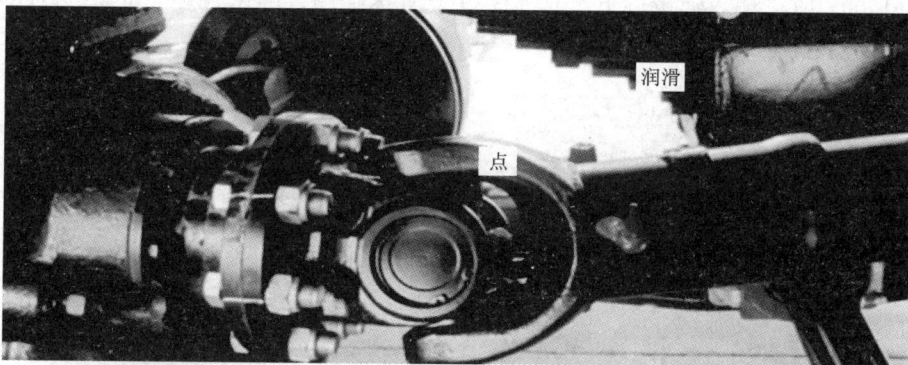

**图 4 - 2　传动轴万象联轴节**

**3. 前桥的润滑**

每行驶 1000 km 应在各处有油杯的摩擦部位加入润滑脂，如图 4 - 3 所示。

71

图 4 - 3　前桥黄油口

4. 中后桥的润滑

每月应检查主减速器总成内的润滑油量，量少时补充。主减速器总成如图 4 - 4 所示。

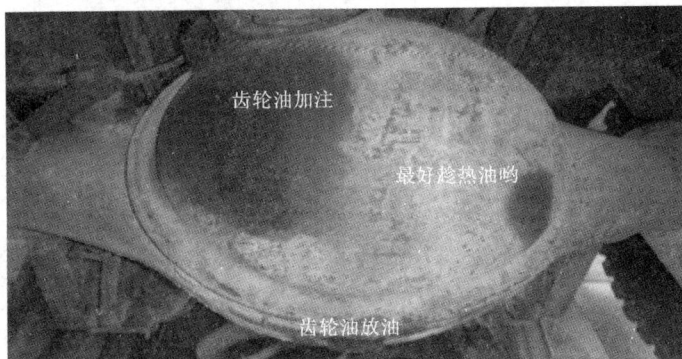

图 4 - 4　主减速器总成

5. 悬挂系统的润滑

（1）每行驶 2000 km，钢板弹簧前端卷耳、中心轴座、平衡梁球头座处加润滑脂一次；每行驶 10000 km，应将钢板弹簧拆下，把每片板簧清洗干净，再在各片之间涂上石墨润滑脂。钢板弹簧和 U 形螺栓结构如图 4 - 5 所示。

图 4 - 5　钢板弹簧和 U 形螺栓

（2）每行驶5000 km后，在后悬挂平衡梁的六处润滑点用黄油枪注入润滑脂。

6.制动系统的润滑

（1）制动凸轮及支架滑套，每行驶1500 km后，应加注润滑脂，但每次注入量不宜过多，以防润滑脂玷污摩擦片的工作表面。

（2）前中后制动轮毂轴承共有六处润滑点，汽车起重机每行驶5000 km后，用油枪注入润滑脂。

（3）前中后制动凸轮轴共有六处润滑点，在每行驶2500 km后，用油枪注入润滑脂。

7.转向系统的润滑

每行驶5000 km后，在转向节的两处润滑点、转向摇臂轴直拉杆的五处润滑点和方向机轴用万向节的一处润滑点用黄油枪注入润滑脂。转向系统总成如图4-6所示。

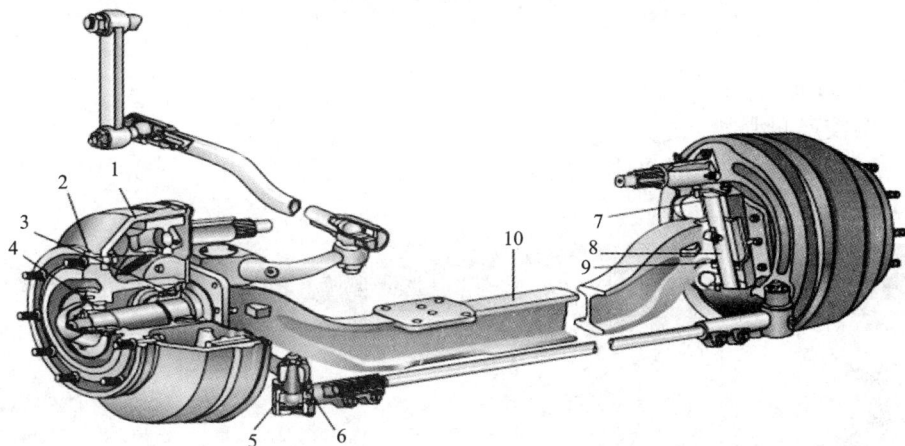

图4-6 转向系统总成

1—制动鼓；2—轮毂；3、4—轮毂轴承；5—转向球头销；6—油封；
7—衬套；8—主销；9—推力轴承；10—前轴

**（二）上车保养润滑**

1.回转机构润滑

（1）通过回转机构的透明玻璃，每天检查箱内润滑油（齿轮油）高度，润滑油不足时应及时添加。回转机构总成如图4-7所示。

图4-7 回转机构总成

（2）回转机构小齿轮每周需要对其涂抹润滑脂。回转机构小齿轮如图4-8所示。

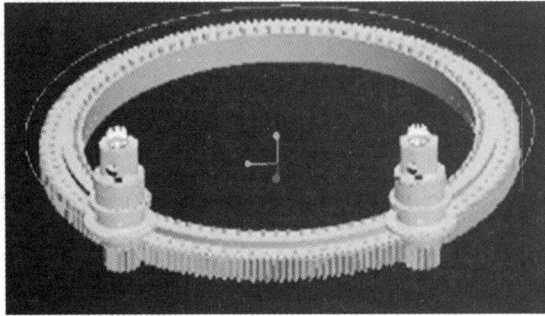

图4-8 回转机构小齿轮

2.起重臂润滑

（1）臂架铰点润滑

主起重臂后铰点每周要用黄油枪注入润滑脂进行润滑保养。臂架铰接结构如图4-9所示。

滑架的润滑点

图4-9 臂架铰接

（2）主臂滑动表面润滑

主起重臂起升滑轮组每周要用油枪加注润滑油。二三四节主起重臂滑块和滑块经过表面每周进行润滑油涂抹。主臂结构总成如图4-10所示。

主臂润滑区域

图4-10 主臂结构总成

74

3. 变幅油缸的润滑

变幅油缸上下铰点轴每周用油枪加注润滑油进行保养。变幅油缸如图 4 – 11 所示。

图 4 – 11　变幅油缸

4. 副臂联接销和销套的润滑

副起重臂在每次使用前都应对连接销涂抹润滑油润滑。对副起重臂滑轮在使用前应用黄油枪加注黄油。副臂联接销和销套如图 4 – 12 所示。

图 4 – 12　副臂联接销和销套

5. 起重钩和滑轮润滑

每周对主起重钩和滑轮组用黄油枪进行加注润滑油。主起重钩结构如图 4 – 13 所示。

图4-13 主起重钩

6. 主、副卷扬钢丝绳的润滑

观察主、副卷扬钢丝绳的润滑情况，每周用涂抹润滑油的方式对其润滑。主、副卷扬钢丝绳如图4-14所示。

图4-14 主、副卷扬钢丝绳

7. 主、副卷扬轴承座润滑

每月对主、副卷扬轴承座用黄油枪加注黄油润滑一次进行保养。

## 二、任务小结与思考

### (一)小结

本任务重点介绍整车各系统的保养润滑，通过学习能够掌握整车需要润滑的机构及润滑点，最主要的是了解它们的润滑周期及润滑方式，针对每一部分的特性有目的地去保养润滑。

**（二）思考题**

1. 转向系统的横、直拉杆、连接杆等连接部位的润滑点有几个，润滑方法和周期如何？

2. 传动轴润滑有哪几个部位，怎样润滑？使用哪种润滑油？

## 三、拓展知识

### （一）在实施润滑时应注意事项

正常使用情况下，按保养周期进行润滑，环境恶劣情况下要适当缩短保养周期。

要选用规定的润滑油。代用油料必须性能接近，主要技术指标须保证，并且代用油应时常检查，且缩短周期。

进行润滑前，要清洁入口。润滑后要清洁零件表面，以免沾上尘土和污物。

### （二）液压油箱

液压油是影响液压系统非常重要的因素。正确选择液压油和合理使用是系统良好的性能和液压元件的寿命的保证。

检查时，从回油滤油器、液压油箱底部或发生故障的其他液压元件内取出油样，进行污染物品质的检查。液压油箱如图4－15所示。

**图4－15　液压油箱**

1. 污染等级检查

根据GB/T 14039－93，汽车起重机液压系统工作介质固体颗粒污染等级规定至少为19/16。具体为1 ml液压油中大于5 $\mu$m的颗粒数在2500～5000范围内；大于15 $\mu$m的颗粒数在320～640范围内。

> 注意：若检查结果颗粒数超标，则应对液压油进行过滤。过滤时使用过滤精度为5 $\mu$m的过滤器效果最佳。过滤后再进行检查，达标后才能使用。

2. 品质检查

如液压油变色(即茶褐色以外的其他颜色)则表明液压油品质变坏，应及时进行更换。如液压油呈现白色浑浊(乳白色)时，用下列方法进行评定检查：因水分混入液压油中使之呈现白色浑浊时，将油样注入细长透明容器中静置起来。24 h后，液压油上层有百分之几高度部分变为透明，说明液压油混入水分。否则说明液压油污染严重。

3. 液压油油量

液压油箱的需要量约380 L，整车约450 L。

检查油量：应在汽车起重机处于起重作业前检查油量。油量应位于液位计的上限，当低于液位计的下限时应补充液压油。

# 任务三　清洗与更换保养

## 【知识目标】

1. 掌握机油、柴油更换的方法与步骤;
2. 掌握三滤过滤器的更换和清洗方法;
3. 掌握各部件和润滑油的更换周期和注意事项。

## 【技能目标】

1. 能够在更换周期内使用正确的保养装备和方法对汽车起重机进行更换齿轮油、机油和润滑机油等;
2. 能够对汽车起重机的过滤器进行更换或清洗。

## 一、相关知识

### (一)机油更换

将输送泵放置在水平位置,运转发动机至机油温度达到80℃,停机;在发动机下面放接油盆,拧下放油塞放出机油。将放油塞换上新垫圈,重新拧紧,再加入新机油,检查机油油位。

柴油箱结构如图4-16所示。

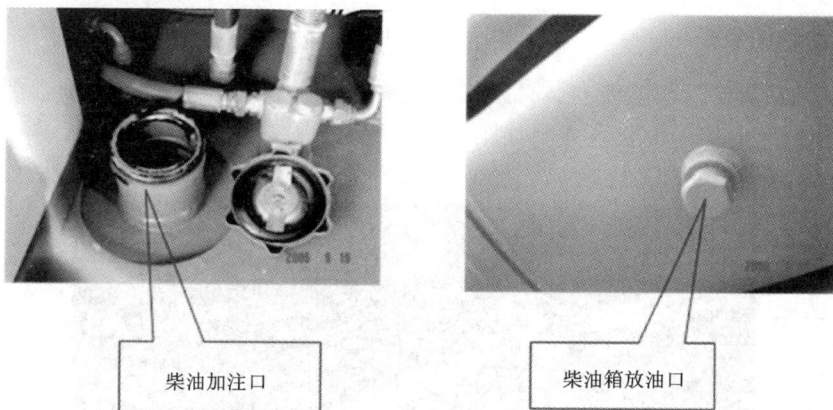

柴油加注口　　　　　　　　柴油箱放油口

图4-16　柴油箱

### (二)离合器制动液的更换

(1)打开驾驶室后油杯的盖,然后向油杯中注入莱克901(DOT3)合成制动液。

离合器制动液油杯如图 4 – 17 所示。

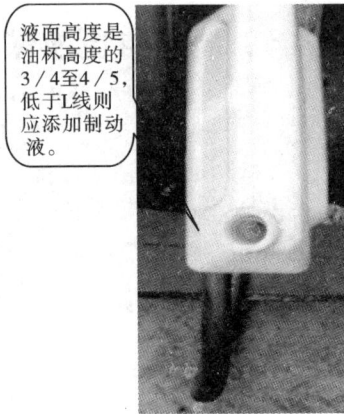

液面高度是油杯高度的 3 / 4 至 4 / 5,低于 L 线则应添加制动液。

图 4 – 17　离合器油杯

（2）打开离合器分泵上放气帽的橡皮盖，并按如下步骤进行操作：拧松离合器分泵上的放气帽，反复踏下离合器踏板，直至制动液从放气帽处喷出。此时，踏下离合器踏板，再拧紧放气帽。在这期间应注意油杯中液面的高度，并按要求及时补充。

**（三）变速器润滑油更换**

（1）新车行驶 1500 ~ 2000 km 时，应对变速器进行第一次换油；以后每行驶 20000 km 应换油一次，且每年至少换油一次。

（2）车辆每行驶 5000 km 后，应检查变速器内的润滑油油量和油质，并根据检查的结果补充或更换润滑油。

**（四）传动轴的更换**

（1）传动轴在拆卸后再装配时，必须按传动轴上的装配标记进行，否则会严重影响传动轴的正常工作。万向传动轴装配方向如图 4 – 18 所示。

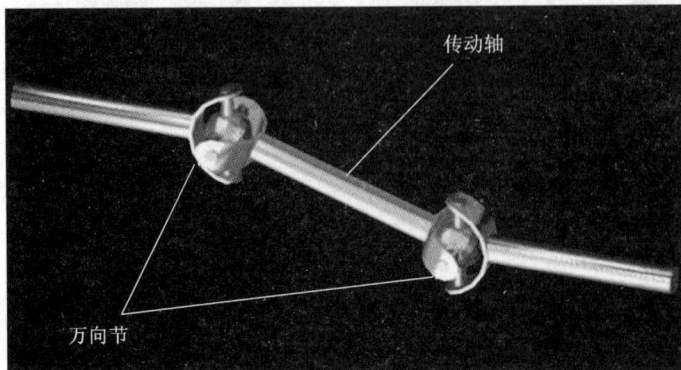

传动轴

万向节

图 4 – 18　万向传动轴组装

（2）如更换传动轴的零部件，则更换后应重新进行动平衡试验。

（3）在整车大修时，应注意检查万向节在轴承中的松动量及滑动花键的磨损情况。当发现十字轴轴承的径向和轴间隙过大，十字轴轴颈上有明显沟痕或花键齿磨损严重时，应更换相应总成，必要时更换传动轴总成。传动轴万象联轴节结构如图4-19所示。

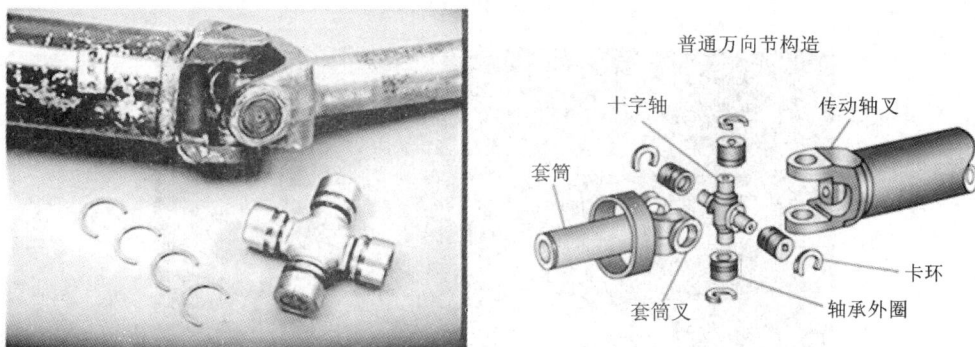

图4-19　传动轴万象联轴节

### （五）前桥的轮毂润滑油更换

每行驶5000 km需更换轮毂润滑油。

轮毂总成如图4-20所示。

图4-20　轮毂总成

### （六）中后桥的齿轮油更换

（1）每月应检查轮边减速器和主减速器内的润滑油量和油的粘度及金属杂质含量，必要时更换。

（2）每行驶10000 km后应更换中、后桥中央减速器和轮边减速器的润滑油，并注意不同地区、季节选用符合要求的润滑油。GL-485W/90润滑油（-12℃以上）、GL-480W/90润

81

滑油（－26℃以上）、GL－475W/90 润滑油（－40℃以上）

（3）更换齿轮油时，应趁油还热的时候放出，对于新车磨合期满后第一次换油时，应在废油放出后加入稀薄的机油。并支起汽车后车轮，启动发动机，挂上前进挡，运转约 5 min 后，将清洗机油放出，再加入新的齿轮油。

中后桥主减速器总成如图 4 - 21 所示。

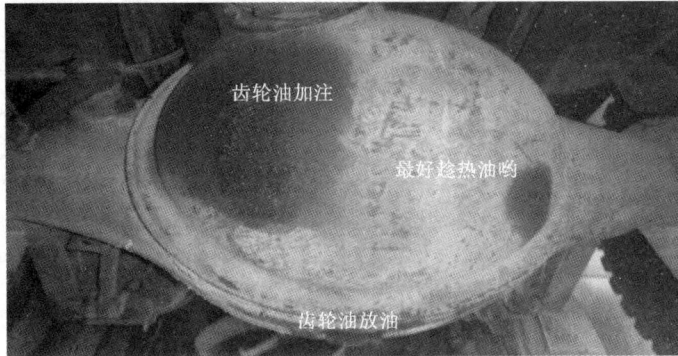

图 4 - 21 中后桥主减速器总成

### （七）车轮和轮胎更换

1. 轮胎的更换

应经常检查轮胎气压，前桥轮胎充气压力为 0.84 ± 0.005 MPa，中后桥轮胎充气压力为 0.80 ± 0.005 MPa，假如气压不足可以使用储气罐里的气体对轮胎补充气压，同时应经常检查轮胎螺母是否松动。

汽车起重机储气罐如图 4 - 22 所示。

图 4 - 22 汽车起重机储气罐

为了使轮胎磨损均匀，每行驶 8000 ~ 10000 km 对装用的轮胎按图 4 - 23 进行一次换位。

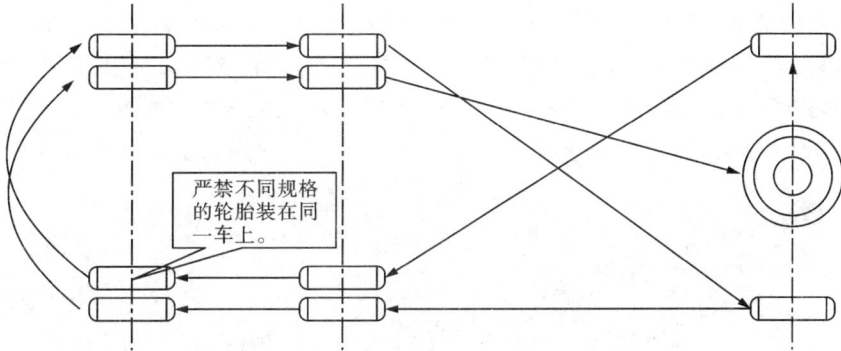

图 4 – 23  三桥轮胎变位图

2. 车轮的更换

(1) 在更换车轮时，应注意不要碰伤车轮螺栓上的螺纹；

(2) 制动鼓和轮辋上绝不能沾上油漆、润滑脂和其他脏物；

(3) 车轮螺母的压紧面应清洁，没有脏物或油脂；

(4) 装上车轮，在车轮离地的条件下，按对角线交叉顺序预拧紧螺母，然后放下车轮，再拧紧螺母。

**（八）制动系统更换**

工作时，如发现制动分室鼓膜及密封件漏气，应及时检查，更换。

**（九）转向油更换**

转向系统换油时的步骤如下：

(1) 定期检查转向器，转向油罐内油面高度及油液质量，若需要更换液压油，应以铜丝布滤清。转向机油油罐和油位监测标尺如图 4 – 24 所示。

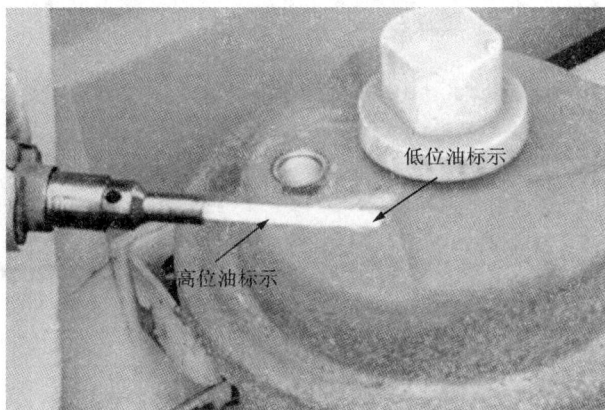

图 4 – 24  转向机油油罐和油位监测标尺

83

（2）换油时，需先顶起前桥，拆开分配阀或动力缸进油管管路，短时间启动发动机（不超过5 s），将油罐和油泵中的油全部排出，然后再反复转动方向盘至两端极限位置，以排尽油液。

（3）注油时，应排尽空气，其方法是：顶起前桥，将油充满油罐，启动发动机，并在1000 r/min 左、右转动方向盘至两端死点，这样反复十余次，使油液充满整个转向系统，且转向油罐内油面距罐顶约30 mm 为止，这时油面应平静，无气泡。转向油罐和冷却液箱如图4 - 25 所示。

图4 - 25　转向油罐和冷却液箱

注意：在死点位置不允许超过3 min，否则转向油泵会严重发热。

### （十）三滤更换和清洗

1. 清洁空气滤清器

松开空滤外卡子，取出滤罩，取出滤芯；清洁滤芯（每年至少更换一个），用压缩空气从里向外吹（最大压力5bar）。

注意：不要损坏滤芯。检查滤芯的滤纸，如损坏（透光）应及时更换。检查密封圈的密封性能，损坏则及时更换。清洁超过5 次，内滤芯也必须更换。

空气滤清器滤芯的清洁如图4 - 26 所示。

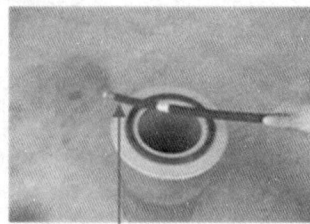

用压缩空气清洁空气滤芯时，请先检查气管内是否有水

图4 - 26　空气滤清器滤芯的清洁

84

2. 更换机油滤芯

新车运行 50 h 后，进行第一次机油滤芯更换，以后每 250 h 更换一次。

用带状工具拆下滤芯，将新滤芯的密封面擦干净，在新机油滤芯橡胶密封垫上抹少量机油，用手将新滤芯拧上，直至与密封垫接合，用带状工具将滤芯继续拧紧半圈。启动柴油机前检查机油油位。机油精滤器如图 4 - 27 所示。

图 4 - 27　机油精滤器

3. 更换柴油滤芯

汽车起重机每运行 500 h 后，进行机油滤芯更换。

粗滤下放一接油盆，拧下放油螺栓，放出柴油；拧下固定螺栓，取下滤清器壳和粗滤；清洁粗滤支架的密封面、滤清器壳和粗滤，然后装入密封圈和粗滤。柴油细滤芯只能更换，不能清洗。柴油粗滤器如图 4 - 28 所示。

图 4 - 28　柴油粗滤器

注意：更换新的柴油滤芯时，不要加注没有经过过滤的柴油到新的柴油滤芯中，以防止油内的赃物堵塞喷油嘴。更换后必须进行排气操作。

## 二、任务小结与思考

### (一)小结

本任务重点介绍下车各机构的润滑油的更换与柴油机滤芯器、空气滤芯器、机油滤芯器三滤的更换与清洗，通过学习本任务能够对下车各机构的润滑油进行监测与更换。确保汽车起重机的作业安全和提高汽车起重机的高效率，提升汽车起重机的使用寿命，降低故障率的同时也可以节省维修费用。

### (二)思考题

1. 简述空气滤芯器清洗的注意事项及更换步骤。
2. 为什么空气滤芯器在使用过后反而过滤效果更好？
3. 为什么轮胎在使用过一段时间之后要更换彼此的顺序？

## 三、拓展知识

在实施更换保养时应注意以下几点：

更换发动机机油时，要在热状态时进行，以保证油能放尽。放油时应注意检查机油颜色是否正常和有无异物，以便发现故障隐患。待油放尽后，清除放油螺栓上的异物，然后拧紧。

更换新机油滤芯，将新机油注入发动机到油尺上限。为防止在没有润滑油的情况下起动发动机，应使高压油泵处于断油位置时按起动按钮，空转一会后，再起动发动机，并低速运转。检查机油滤清器有无渗漏，停机 5 min 后，检查并补充机油，油面到油尺上限；换机油芯：更换机油时，两个并联的机油滤清器要同时更换，在密封垫上涂上一层薄薄的油，并且紧固滤清器。

# 任务四　紧　固

## 【知识目标】

掌握汽车起重机汽车整车的紧固周期。

## 【技能目标】

能够正确找出整车的紧固点并对之进行紧固检查。

## 一、相关知识

### （一）下车紧固保养

1. 离合器的紧固

经常检查踏板支架的紧固螺钉，如有松动，马上拧紧。

踏板支架紧固螺钉如图 4 - 29 所示。

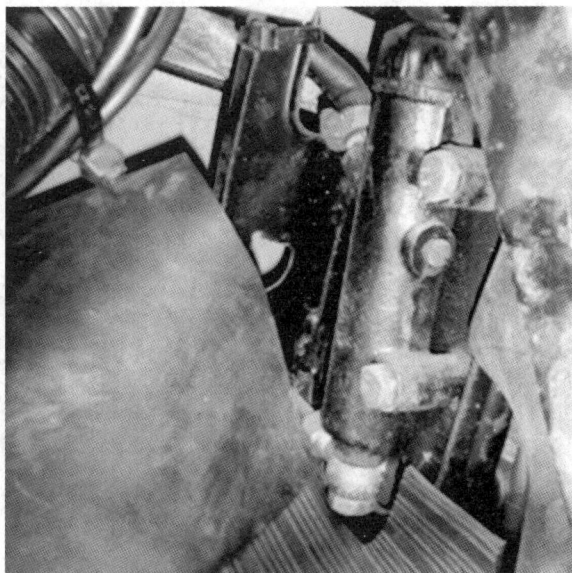

图 4 - 29　离合器踏板

2. 传动轴的紧固

新车行驶 1000 ~ 1500 km 后应重新紧固传动轴和中间支承上的连接螺栓。每行驶 5000 km，要对传动轴的连接螺母进行紧固。

传动轴万象联轴节螺栓如图 4 - 30 所示。

图 4 - 30　传动轴万象联轴节

3. 前桥转向的紧固

每行驶 5000 km 转向横、直拉杆、连接杆等各连接部分的紧固情况。

前桥转向横拉杆螺栓如图 4 - 31 所示。

图 4 - 31　前桥

4. 车轮的紧固

新车行驶 5000 km 进行首次检查，以后进行例行检查，检查周期为 16000 km。

轮毂结构如图 4 - 32 所示。

图 4 – 32　轮毂

**5. 悬挂系统的紧固**

（1）新车行驶 1500 km 进行首次检查，以后，每行驶 5000 km 进行例行检查。

（2）在安装钢板弹簧时，必须拧紧前、后骑马螺栓，拧紧时应将钢板弹簧压到满载状态。

（3）用户需经常检查悬挂系统骑马螺栓及其他螺栓的紧固情况。

钢板弹簧和 U 形螺栓如图 4 – 33 所示。

图 4 – 33　钢板弹簧和 U 形螺栓

**6. 制动系统**

新车行驶 1500 km 进行首次检查制动连杆紧固情况，以后，每行驶 5000 km 进行例行检查。

制动连杆如图 4 – 34 所示。

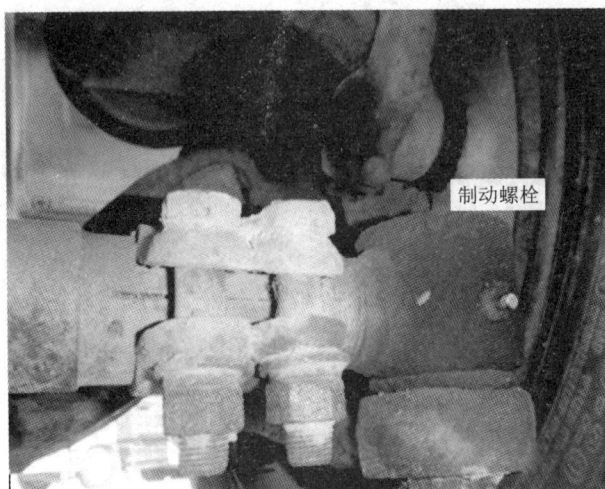

图 4 - 34　制动连杆

### (二) 上车紧固保养

**1. 回转机构紧固**

每月检查回转支承螺栓的紧固程度，如有松动请紧固，紧固力矩 440 N·m
回转机构螺栓如图 4 - 35 所示。

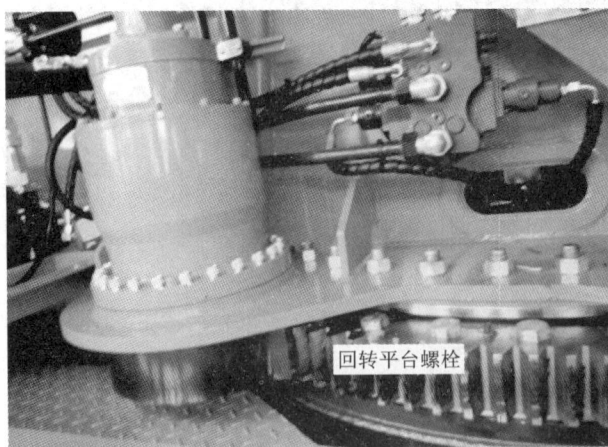

图 4 - 35　回转机构

**2. 起重臂起升机构紧固**

每月需检查臂架连接螺栓的紧固情况，并对其进行紧固。臂架起升机构如图 4 - 36 所示。

图 4-36 臂架起升机构

3. 变幅油缸紧固

每月需检查变幅油缸连接螺栓的紧固情况，并对其进行紧固。变幅油缸如图 4-37 所示。

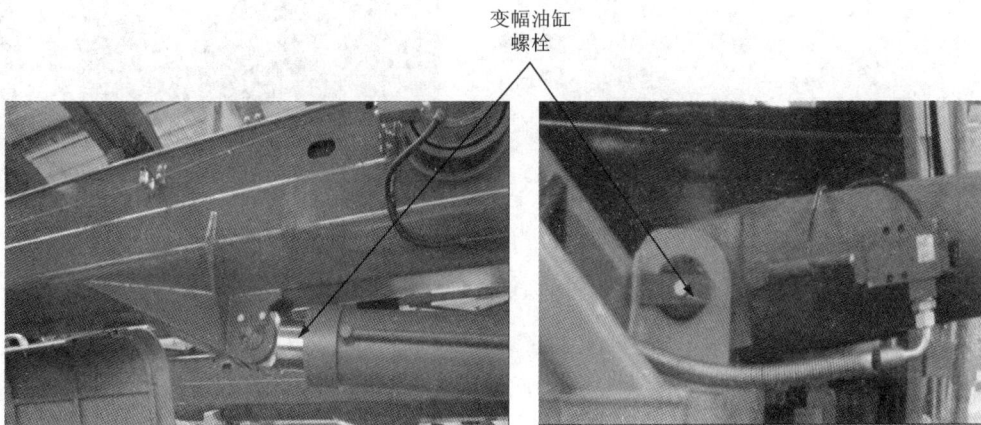

图 4-37 变幅油缸铰点

4. 主、副卷扬轴承座紧固

每月对主副卷扬轴承座用黄油枪加注黄油润滑一次进行保养。主、副卷扬轴承座如图 4-38所示。

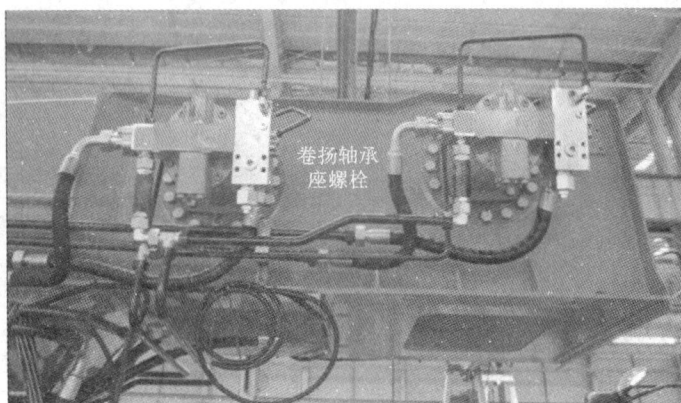
图 4 – 38　主副卷扬轴承座

5. 油路油管接头紧固

每月需检查油路油管接头的紧固情况，并对其进行紧固。油路油管接头如图 4 – 39 所示。

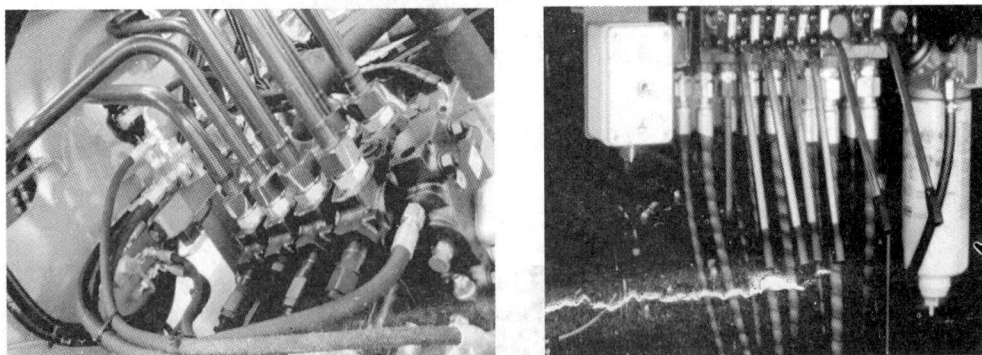
图 4 – 39　油路油管接头

## 二、任务小结与思考

### (一)小结

本任务重点介绍整车各系统的紧固，通过学习本任务能够掌握整车需要紧固的机构，最主要的是日常检查紧固，防止由于螺栓松动而引起的机构失效，针对每一部分的特性有目的去紧固保养。

### (二)思考题

1. 在对回转平台进行螺栓紧固时，所用的方法步骤是什么？
2. 对钢板弹簧进行紧固时要注意的事项是什么？

## 三、拓展知识

### （一）制动系统使用注意事项

弹簧制动气室的紧急松开：

当连接弹簧制动气室的管路因泄漏而造成自行制动时，只要将弹簧制动气室上的调节螺栓拧出，即可解除制动。

在松开弹簧制动气室之前应先挂上 1 档，并检查脚制动是否正常。当在有坡道路面上松开弹簧制动器时，必须将车轮塞住，防止滑坡。弹簧制动气室上调节螺栓的拧出只有在紧急情况下使用。

> 注意：一旦紧急情况解除恢复正常时，应将螺栓拧入，以保证汽车具有驻车和紧急制动功能。

### （二）制动系统的调整和保养

为确保制动平稳及安全，制动鼓内圆周面与制动蹄摩擦面之间应有适当的间隙，通常在 0.4～0.8 mm 内。为了调整间隙，在制动器制动臂的凸轮轴上装有调整机构，通过调整螺钉，可使制动鼓与摩擦片之间有正确的间隙。

在使用中，若发现制动鼓过热，应检查制动蹄是否灵活。检查时，扳动凸轮轴上的制动臂，使制动蹄片张开，如凸轮迅速复位，表示正常，否则应进行修理，并及时加注适量的润滑脂。工作时，如发现制动分室鼓膜及密封件漏气，则应及时检查，更换。

制动踏板到双管路制动阀之间的连接长度，如需检修或调节，必须重新调整制动踏板的限位螺钉，以保证制动总阀在全开后，将制动踏板限位，以防止损坏机件。

**图书在版编目(CIP)数据**

汽车起重机操作与保养 / 王蹲尹,马娇主编. —长沙:中南大学出版社,2020.9

ISBN 978 - 7 - 5487 - 4105 - 3

Ⅰ.①起… Ⅱ.①王… ②马… Ⅲ.①起重机械—操作—高等职业教育—教材②起重机械—保养—高等职业教育—教材 Ⅳ.①TH210.7

中国版本图书馆 CIP 数据核字(2020)第 138942 号

## 汽车起重机操作与保养

**QICHE QIZHONGJI CAOZUO YU BAOYANG**

主编 王蹲尹 马 娇

| | | | |
|---|---|---|---|
| □责任编辑 | 周兴武 | | |
| □责任印制 | 周 颖 | | |
| □出版发行 | 中南大学出版社 | | |
| | 社址:长沙市麓山南路 | 邮编:410083 | |
| | 发行科电话:0731 - 88876770 | 传真:0731 - 88710482 | |
| □印 装 | 湖南蓝盾彩色印务公司 | | |

| | | | |
|---|---|---|---|
| □开 本 | 787 mm×1092 mm 1/16 | □印张6.5 | □字数160千字 |
| □版 次 | 2020 年 9 月第 1 版 | □2020 年 9 月第 1 次印刷 | |
| □书 号 | ISBN 978 - 7 - 5487 - 4105 - 3 | | |
| □定 价 | 22.00 元 | | |

图书出现印装问题,请与经销商调换